KB121661

참다래 재배 완전정복

대표저자 : 박용서

공동저자 : 정천우 · 임동근 · 조윤섭 · 송덕수 · 허북구

중앙생활사

➔다양한 참다래 품종

참다래 품종에는 국내 개발 품종, 외국에서 육성된 품종, 기타 참다래 품종, 야생다래 등이 있다. 그중 몇 가지를 소개한다.

▲ 비단

▲ 해남

▲ 치악

▲ 대흥

▲ 조치미후도

▲ 태향

▲ 진타오

▲ 헤이워드

▲ 귀장

▲ 호북미후도

▲ 귀풍

▲ 해금

참다래 재배 완전정복

참다래 재배 완전정복

대표저자 : 박용서

공동저자 : 정천우 · 임동근 · 조윤섭 · 송덕수 · 허북구

중앙생활사

머리글

참다래 산업에 종사하시는 농업인 여러분 안녕하십니까? 지난 4년간 과실 생산, 유통, 판매 현장에서 여러분과 함께 호흡하면서 현장 애로기술을 해결하고자 노력해온 참다래특화작목산학연협력단입니다. 협력단에서는 전문위원이 지닌 지식과 기술을 바탕으로 현장에서 직접 보고 느낀 내용을 책으로 발간하게 되었습니다.

잘 아시다시피 오늘날 참다래는 여러분이 노력한 결과 과실의 황금기를 맞고 있습니다. 그러나 국내 시장에서 유통되는 과실의 50% 이상이 외국에서 수입된다는 사실도 잊어서는 안 됩니다. 1990년대에 시작된 다자간 농산물 자유무역협정은 최근 양자간 자유무역협정(FTA)으로 바뀌었습니다.

칠레 · 북미 · 아세안 · 싱가포르 · 미국과는 FTA 협정을 체결하였고, 몇 년 안에 유럽연합(EU) · 중국을 비롯한 다른 나라들과도 협상이 체결될 것으로 생각합니다. 이러한 국제화의 큰 물결은 외국산 과실과 벌이는 경쟁을 한층 더 치열하게 만들 것입니다.

국제화 시대에 과수산업의 경쟁력은 가격과 품질 면에서 우위에 있어야 합니다. '신토불이(身土不二)' 라는 슬로건이나 애향심, 국내과실이라는 정서를 소비자에게 호소하는 데는 한계가 있습니다. 우리나라 참다래의 경쟁력은 뉴질랜드산의 80% 수준으로 낮은 편이나 미국과는 대등한 수준이고, 칠레산보다는 우위에 있다고 판단합니다. 앞으로 뉴질랜드산과 경쟁하려면 지금보다 더 열심히 일하고 공부해서 품질 좋은 과실을 소비자에게 공급해야 합니다.

요즘 건강에 관한 관심이 높아지면서 과실도 브랜드과(명품)를 중심으로 소비량이 증가하는 추세입니다. 소비자가 찾는 브랜드과는 맛과 영양, 안정성과 기능성 면에서 우수성을 인정받아야 합니다.

저희 협력단은 과실 생산에서 유통, 소비, 가공에 이르기까지 참다래 브랜드(명품)화에 필요한 현장 애로기술을 지원하고, 새로운 기술 개발에 최선을 다함으로써 참다래의 한국화, 세계화를 달성하기 위해 최선을 다해왔습니다.

그와 아울러 이 책이 참다래 재배 농업인 여러분의 참다래 브랜드과 생산에 크게 기여하리라 믿습니다. 끝으로, 연구 사업에 바쁜데도 원고를 준비해주신 참다래특화작목산학연협력단 전문위원 모든 분께 진심으로 감사드립니다.

참다래특화작목산학연협력단 단장 박용서

Contents

머리글 _ 4

01 서 론

참다래 재배 역사 _ 10
이름의 유래 _ 12
과실의 생산 및 수입 현황 _ 13

02 다래나무의 기원과 주요 품종

다래나무 식물의 기원과 분류 _ 20
식물자원의 다양성 _ 22
국내 개발 품종 _ 26
외국에서 육성된 주요 품종 _ 34
기타 참다래 품종 _ 37
야생다래 _ 39

03 재배환경

개요 _ 42
기온 _ 43
강수량 _ 45
일조량 _ 46
바람 _ 47
토양 _ 48
지형 _ 50
영양 기관의 생장 _ 51

04 번 식

개요 _ 58
종자번식 _ 59
접목번식 _ 62
삽목번식 _ 63

05 개원과 재식

개원 _ 68
재식 _ 75

06 정지 · 전정

정지 · 전정의 기초이론 _ 82
참다래의 정지 · 전정 _ 90

07 수체생장과 결실관리

꽃눈분화 _ 100
개화 _ 101
수분과 수정 _ 101
적뢰와 적과 _ 120
과실비대 _ 123
결실조절 _ 124

08 과원의 토양과 시비 관리

참다래 과원 토양 관리 _ 128
토양수분 관리 _ 134
거름주기 _ 137

09 수확과 저장

수확 _ 146
저장 전처리 _ 149
수확 후 품질저하에 관여하는 요인 _ 157
저장 _ 161
참다래 후숙(연화)의 기작 _ 168
연화과 유통을 위한 에틸렌 처리 _ 170
패킹하우스의 필요성 _ 175

10 이용과 가공

과일의 특성 _ 178
고르기와 식용 _ 184
수액의 이용 _ 185
가공 _ 187
천연염색 _ 190
압화 _ 194
화환재료 _ 195

11 유통과 발전방향

주요 국가의 현황과 전망 _ 200
발전방향 _ 202

참고문헌 _ 208

1장

서 론

01 서 론

참다래 재배 역사

참다래는 오랜 옛날부터 중국과 남아시아 지역에 야생해온 과수다. 악티니디아(*Actinidia*)종은 66종으로 보고되었는데, 중국에서는 미후도(獼猴桃: 깊은 계곡에서 나는 열매를 먹고 사는 원숭이가 먹는 과실이라 해서 붙은 이름)라고 하며, 미숙과는 한약재로 사용한다.

중국 양쯔강 계곡에서는 키가 9m나 되는 거대 낙엽과수로 야생한다. 관상용으로 재배하기도 하며 식용 과실로서 상업성이 높은 것은 악티니디아 델리시오사(*Actinidia deliciosa*)속 품종이다.

참다래가 뉴질랜드에 전해진 것은 20세기 초다. 뉴질랜드인 이사벨 프레이저(Isabel Fraser)가 중국을 방문했을 때 얻은 종자를 뉴질랜드의 알렉산더 앨리슨(Alexander Allison)에게 주었고, 알렉산더 앨리슨이 이 종자를 재배해서 1910년 결실을 본 것이 뉴질랜드 참다래의 시초로 알려져 있다.

몇 년 후 상업용 과실이 뉴질랜드 북섬인 프랜티베이 지역에서 생산되었고,

새로운 재배기술이 접목되면서 1980년대에는 수출산업으로 발전했다. 키넨시스(*Chinensis*)종은 중국을 중심으로 야생하거나 재배하는데, 과피에 털이 없는 것이 특징이다.

뉴질랜드의 성공사례가 알려지면서 겨울철이 따뜻한 오스트레일리아를 비롯해 칠레, 프랑스, 그리스, 이탈리아, 일본, 포르투갈, 미국 등을 중심으로 참다래를 도입하여 재배했다.

미국은 1930년대에 도입하여 식재했으나 대중 과실로 자리 잡지 못하고 사라졌다. 그러나 캘리포니아 치코 지역에서 유일하게 성공적으로 재배하고 묘목을 생산하여 오늘날 캘리포니아 참다래 산업으로 발전했다.

우리나라는 1974년에 도입하여 전남, 경남 지역을 중심으로 재배했다. 도입 초기에는 재배 기술이 부족해 실패사례가 많았다. 동해 발생, 병해충 관리 소홀, 정지전정기술 부족, 소비자 인식 부족과 판매의 어려움까지 겹쳤다. 그러나 재배 경험이 축적되고 체계적 연구가 진행되면서 생산성이 높고 경제성 있는 과수원이 2000년에 등장했다.

게다가 경제 발달로 생활이 윤택해지자 기능성 있고 영양가 높은 과실류 소비량이 증가하면서 참다래 소비량도 폭발적으로 증가해, 2000년부터 공급보다 수요가 많아 국내 과실류에서 판매가격이 가장 높은 고부가가치 과실로 발전했다. 이에 따라 국내 시장에서 뉴질랜드, 칠레, 미국산과 가격과 품질 면에서 경쟁이 더욱 치열해지고 있다.

〈그림 1-1〉 참다래는 종류가 무척 다양하다.

✿ 이름의 유래

◆ 키위

참다래는 뉴질랜드에 도입될 당시에는 'Chinese gooseberry(중국 거위과일)' 로 불렸다. 제2차 세계대전 후 전장에 갔던 군인들이 돌아오면서 뉴질랜드의 키위 재배 면적은 급속히 확대되어 수확량과 소비량이 많아졌고, 1952년에는 해외(영국)에 수출까지 하게 되었다.

1956년에는 미국에도 수출하게 되었는데, 이때 이름이 문제였다. 당시 미국과 중국은 한국전쟁 등 냉전으로 관계가 악화되었기 때문에 '중국 구스베리' 라는 이름은 키위 판매에 걸림돌이 되었다. 즉 미국의 소비자들이 '중국' 에 대해 거부감이 있었다.

그렇다고 키위를 '거위과일' 로 알리는 데는 문제가 있었다. 그래서 1959년에 갈색 털이 덮인 과실이 뉴질랜드의 새(國鳥)인 키위바도의 외관과 비슷하다 하여 키위푸르트(Kiwifruit)라는 이름을 붙였다.

그런데 최근의 논문에 따르면 키위푸르트가 키위바도에서 유래했다는 증거는 없다고 한다. 키위는 뉴질랜드 사람을 나타내므로 뉴질랜드 사람의 과일이라는 의미로 이런 이름이 붙여졌다는 것이다. 키위바도와 비슷하기 때문이라는 것은 후에 누군가 지어낸 이야기에 지나지 않는다고 되어 있다.

1970년경의 영어논문에는 'Kiwifruit' 가 'Chinese gooseberry' 로 되어 있고, 1980년대에도 'Kiwifruit(Chinese gooseberry)' 등으로 병기한 논문이 다수 보인다. 따라서 'Kiwifruit' 라는 명칭은 정착된 지 그리 오래되지 않았다.

한편, 중국에서는 원래 참다래를 'mihoutao' 나 'yangtao' 라고 했는데, 현재 수출할 때는 키위로 표기하고 있다.

◆ 참다래

키위가 우리나라에 도입된 초기에는 '양다래' 라고 불렀다. 외국에서 도입된 다래이자 우리나라에 자생하는 다래와 구별하기 위해 붙인 이름이었다. 그런데 '양다래' 는 국내에서 생산된 다래임에도 소비자들에게 수입과실로 오해받을 수 있고, 소비확대에도 걸림돌이 된다 하여 1997년에 '참다래' 로 개칭했다. 참다래 생산농가뿐만 아니라 한국원예학회를 비롯하여 대부분의 학회에서는 '참다래' 를 공식명칭으로 사용하고 있다.

과실의 생산 및 수입 현황

◆ 우리나라

세계의 참다래 재배면적은 20만 ha, 생산량은 100만 톤으로 매년 증가 추세다. 참다래의 주요 생산국은 뉴질랜드, 이탈리아, 칠레, 일본, 미국이다. 우리나라 참다래 재배면적은 1987년 157ha에서 1995년 1,400ha로 크게 증가했으나 2000년 1,041ha, 2005년 800ha로 감소했다가 2007년 1,300ha로 다시 증가한 상태다.

참다래 생산량은 1987년 100톤, 2001년 1만 4,000톤으로 증가한 후 2007년에는 1만 5,000톤을 생산했다. 평균 수량은 1.2톤 · ha^{-1}로 매우 낮은 수준이다(〈그림 1-2〉).

2000년에 재배면적이 감소한 것은 재배기술 부족과 소비량 둔화 때문이고, 2004년에 재배면적이 크게 감소한 것은 동해(凍害)와 함께 궤양병으로 수체가 고사했기 때문이다.

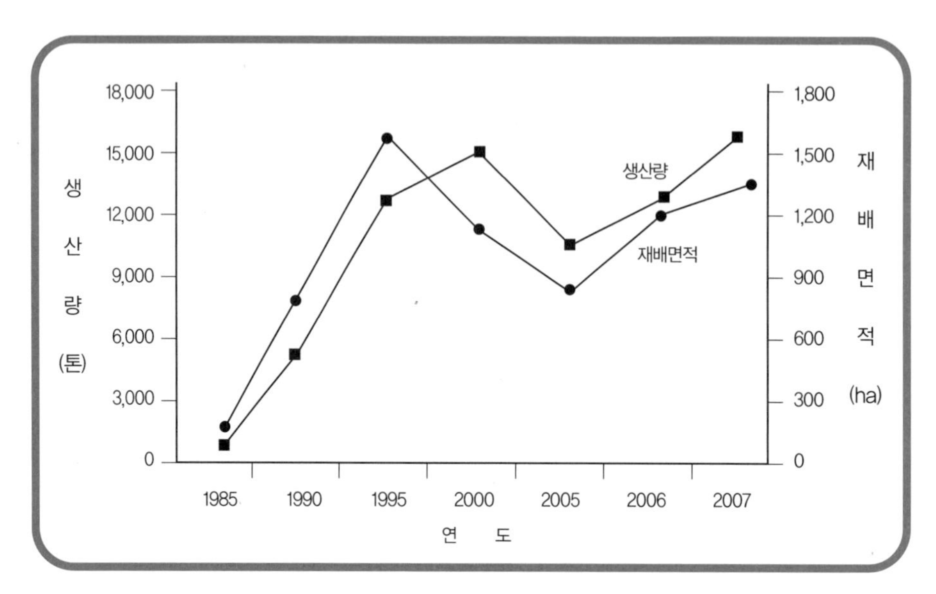

〈그림 1-2〉 우리나라 참다래 재배면적과 생산량 변화

참다래 수입량은 첫 수입한 1997년에 7,999톤에서 1998년 3,471톤으로 줄었는데, 이는 홍보부족으로 소비량이 감소했기 때문이다. 2001년 6,417톤으로 회복한 다음 2002년 1만 233톤, 2004년 2만 3,101톤, 2006년 3만 730톤으로 급증했다. 이는 과실의 뛰어난 영양과 기능의 우수성이 밝혀졌기 때문이다(〈그림 1-3〉).

국가별 수입량은 뉴질랜드 1만 9,800톤, 칠레 6,800톤, 미국 4,000톤인데, FTA로 칠레산과 미국산이 증가하고 있다(〈그림 1-4〉). 수입량이 증가함에 따라 국산 참다래의 시장점유율은 2006년에 처음 20% 이하(17.9%)로 떨어졌다. 뉴질랜드산은 2004년에 60%로 정점에 오른 뒤 2년간 하향 추세인 반면, 칠레산은 2005년 이후 급증하여 2006년에는 20% 이상(22%)이 되었다. 미국산은 2006년 수입량이 3,000톤에 육박하는데, 한미 FTA가 비준되면 더욱 늘어날 것으로 예상된다.

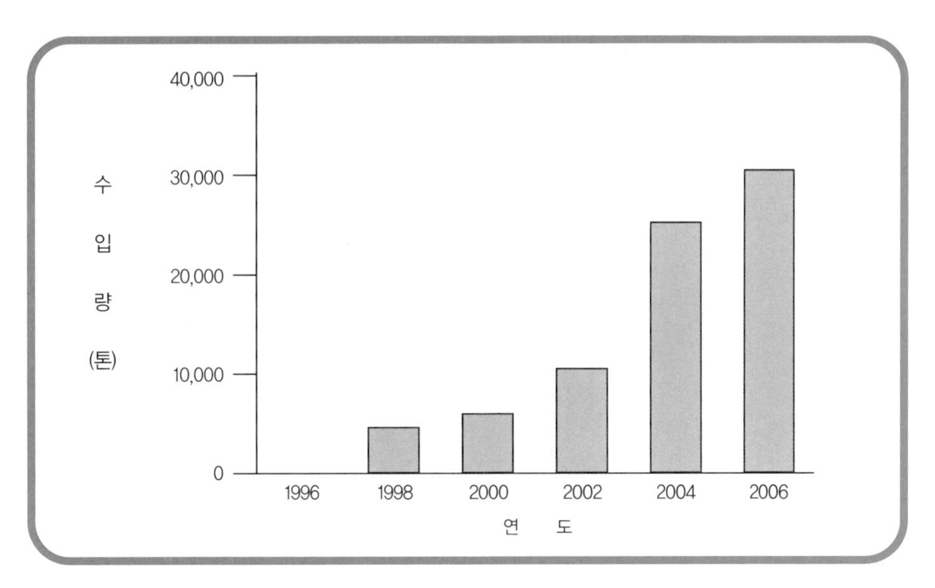

〈그림 1-3〉 연도별 참다래 수입량 변화

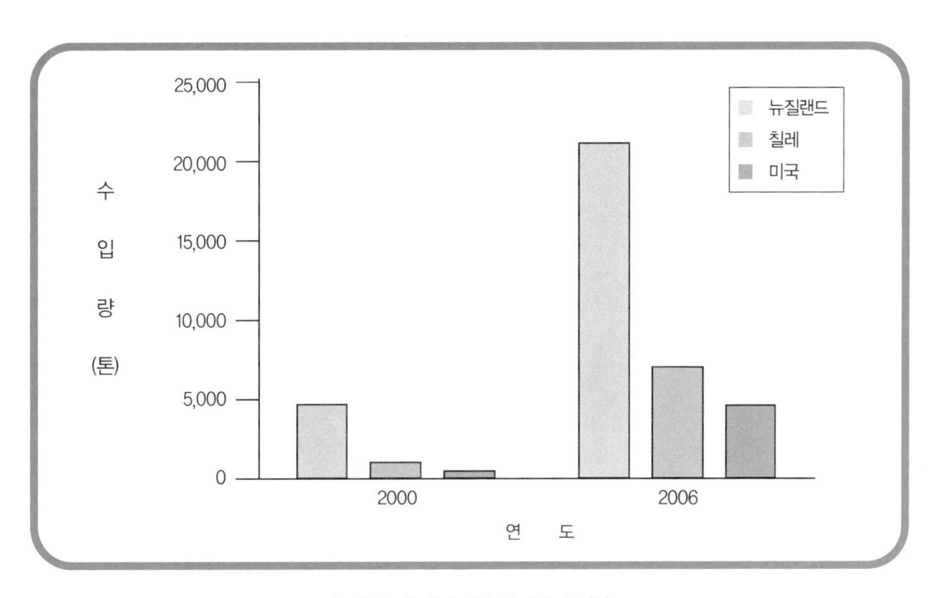

〈그림 1-4〉 참다래의 국가별 수입량

국내시장에서 과실 가격은 2000~2005년 2만 8,000원/10kg으로 매우 높게 유지되었고, 2006년에는 3만 4,500원으로 국내 과실류 가운데 가장 높은 가격으로 유통되고 있다(〈표 1-1〉). 과실 가격은 원산지와 계절에 따라 다른데, 국내산은 5~6월에 6~7만 원/10kg에 거래된 적도 있으므로, 저장하면 더 높은 수입이 보장되는 과수다.

참다래는 뉴질랜드가 1950년에 유럽으로 수출함으로써 국제 유통 품목이 되었다. 현재는 뉴질랜드를 포함해 이탈리아 · 칠레 · 미국 · 일본이 주요 교역국이며, 사과 · 포도 · 감귤처럼 세계 모든 국가에서 소비되고 있다. 그러나 생산량은 주요 과수보다 적기 때문에 앞으로 시장 잠재력은 매우 크다.

〈표 1-1〉 국내 월별 · 원산지별 참다래 가격(10kg 기준)

(단위 : 원)

구 분	한 국	뉴질랜드	칠 레
1월	31,000		
2월	33,000		
3월	37,000		
4월	37,000		30,000
5월		36,000	25,000
6월		35,850	18,500
7월		34,160	21,200
8월		33,180	23,000
9월		33,940	24,200
10월		32,300	22,000
11월		31,990	22,200
12월		32,370	
평균가	34,500	33,720	23,260

◆ 주요 국가

▷ 뉴질랜드

뉴질랜드는 생산량의 80%를 수출하는데 1980년대를 기점으로 생산량이 주춤하고 있다. 참다래유통협회(Kiwifruit Marketing Board)는 과잉재배에 따른 홍

수출하로 가격이 하락하자 수지를 맞추기 위해 친환경 과실과 대과생산에 주력했다.

유기농 참다래도 이때 본격적으로 출하를 시작했는데, 출하 초기에는 관행재배보다 가격이 2~3배 높았으나 시간이 지나면서 관행재배 과실에 비해 20~30% 높은 수준에 유통된다.

1989년부터 새로운 품종 연구를 시도하여 '골드키위'를 육성했는데, 이 품종은 우리나라에서도 계약 재배하여 유통되나 '헤이워드'보다 품질이 뒤지는 편이다. 뉴질랜드산 참다래는 가격과 품질에서 국내산의 120% 수준으로, 앞으로 상당기간 국내시장에서 높은 경쟁력을 유지할 것으로 보인다.

▷ 이탈리아

이탈리아는 세계 최대 참다래 생산국이지만 수출량은 세계 2위다. 1985년 재배면적은 6,000ha 수준이었으나 1989년 1만 8,000ha로 증가한 후 1만 9,000ha를 유지하고 있다. 국내 소비량 증가와 함께 생산량이 급증하면서 가격이 큰 폭으로 떨어졌다. 독일을 포함한 유럽시장에서 소비되는 과실의 80%가 이탈리아산이다.

▷ 칠레

칠레는 생산량이 1985년 4,200톤에서 1992년 6만 톤으로 급증하여 가격이 하락해 재배면적 증가가 주춤했으나 1995년 22만 톤으로 다시 급증했다. 주로 유럽시장에 수출하는데 품질저하와 수출물량 증가로 가격은 낮은 편이다. 수확기가 3~7월로 우리나라와 겹치지 않아 비수기인 여름철에 주로 수입되어 소비될 전망이다. 품질과 가격이 국내산의 80% 수준으로 가정보다 단체급식이나 식당가에서 주로 소비될 것으로 보인다.

▷ 미국

1993년에는 3만 4,000톤 수준이었는데 현재는 3,000ha에서 4만 톤 안팎을 생산하고 있다. 오랜 수출 시장이던 일본과 유럽을 잃은 뒤 캐나다와 우리나라 시장에 관심이 많다. 과실을 수입하기도 하지만 수출도 하는데, FTA 협상으로 우리나라 수입량은 더 늘어날 예정이다. 가격과 품질은 국내산과 대등한 수준으로 평가되고 있다.

▷ 프랑스

1988년 2만 9,000톤이었으나 1995년 이후부터 10만 톤 내외를 생산하고 있다. 국내산과 함께 뉴질랜드산 참다래가 주로 소비되었으나 현재는 칠레와 이탈리아산이 주로 소비되고 있다.

▷ 일본

1989년 4만 8,000톤, 2000년 10만 톤을 기점으로 이 수준을 유지하고 있다. 오늘날 외국에서 수입되는 6만 톤 안팎의 참다래는 대부분 뉴질랜드산이다. 지중해 파리 감염으로 유럽산 참다래는 수입이 금지되었다.

2장

다래나무의 기원과 주요 품종

02 다래나무의 기원과 주요 품종

다래나무 식물의 기원과 분류

다래나무는 양쯔강 내륙지방이 원산이다. 오늘날 재배되는 참다래는 과실이 크고 맛이 좋은 두 가지 종(*A. deliciosa, A. chinensis*)에서 유래된 것이다. 다래나무는 광활한 지역에 널리 분포하며, 종에 따라서는 열대지역(북위 0도)에서부터 냉대지역(북위 50도)에도 분포한다.

식물분류학상 다래나무는 다래나무속에 속하는 영년생 넝쿨식물이다. 학자에 따라 종 분류에 차이가 있으나 대개 66종으로 구분되며, 그 아래 변종 또는 아종 등이 118종 이상 보고되었다. 66종 가운데 4종(*A. strigosa, A. petelotii, A. hypoleuca, A. rufa*)을 제외한 62종은 중국에서 발견되었다.

◆ 다래나무속 구분

리앵(Liang, 1984)의 분류체계에 따라 다래나무속 식물을 간략하게 구분하면 다음과 같다.

A. 잎 표면에 광택이 있거나 연한 털이 약간 있는 경우
  B. 과실에 점이 없는 경우 · · · · · · · · · · · · · · · · · · · Sect. Leiocarpae
  C. 줄기 수 구조가 층상인 경우 · · · · · · · · · · · · · · · · Ser. Lamellatae
    예) *A. arguta, A. kolomikta, A. polygama*
  CC. 줄기 수 구조가 층상이 아닌 경우 · · · · · · · · · · · · · Ser. Maculatae
    예) *A. callosa, A. chrysantha, A. indochinensis*
AA. 잎, 가지에 털이 매우 많고 얽힌 경우(Sect. Vestitae)
  D. 거칠고, 딱딱하고, 단순한 털인 경우 · · · · · · · · · · · · · Sect. Strigosae
    예) *A. hemsleyana*
  DD. 부드럽고 연한 털이 잎 뒷면에 여러 갈래 발생한 경우 · · · · Sect. Stellatae
  E. 잎 뒷면이 두껍게 잘 떨어지지 않는 여러 갈래 털로 덥인 경우 Sect. Perfectae
    예) *A. chinensis, A. deliciosa, A. eriantha, A. latifolia*
  EE. 잎 아래에 털이 불완전하게 여러 갈래로 발생하거나 여기저기 낙엽성 털이
    여러 갈래 분포한 경우 · · · · · · · · · · · · · · · · · · · Ser. Imperfectae
    예) *A. grandiflora, A. sorbifolia*

◆ 우리나라 자생 다래나무

우리나라에는 4종 2변종의 다래나무 식물이 분포하는 것으로 보고되었는데, 다래(*A. arguta*), 개다래(*A. polygama*), 쥐다래(*A. kolomikta*), 섬다래(*A. rufa*), 녹다래(*A. arguta var. rufinervis*), 털다래(*A. arguta var. platyphylla*) 등 6종(2변종 포함)이 그것이다.

이들 중 섬다래는 남부 섬 지역과 제주 등지에 분포하는 것을 제외하면 주로 깊은 계곡 내부의 사력질 토양에 분포한다.

◆ 배수성과 염색체 수

다래나무속 식물은 배수성 수준이 무척 다양하다(〈표 2-1〉). 기본 염색체는 n=29개이며, 2배체, 4배체, 6배체, 8배체 식물도 존재한다. *A. deliciosa* var. *chlorocarpa*, *A. valvata* var. *valvata*, *A. arguta* var. *arguta* 등 식물체는 2, 4, 6배체의 배수성을 갖는 다양한 종내 변이가 있으며, *A. arguta* var. *purperea*는 4, 8배체 식물체가 발견되었다. 특히 *A. arguta*는 모든 배수성 식물체가 존재하여 육종을 위한 식물체 조작에 아주 유용한 잠재성을 제공하고 있다.

〈표 2-1〉 몇 가지 다래나무속 식물의 배수성과 염색체 수

종　명	배 수 성	염 색 체 수
A. arguta var. *arguta*	2×, 4×, 6×	58, 116, 174
A. arguta var. *pupurea*	4×, 8×	116[Y]
A. chinensis var. *chinensis*	2×, 4×	58, 116
A. cylindrica var. *reticulata*	2×, 4×	58, 116
A. deliciosa var. *deliciosa*	6×	174
A. deliciosa var. *chlorocarpa*	4×, aneuploid?, 6×	116, 160?, 174
A. eriantha var. *eriantha*	2×	58
A. hemsleyana var. *hemsleyana*	2×	58
A. kolomikta	2×, 4×	58, 116
A. latifolia var. *latifolia*	2×	58
A. macrosperma var. *macrosperma*	4×	116
A. melanandra var. *melanandra*	2×, 4×	58, 116
A. ploygama	2×	58
A. rufa	2×	58
A. setosa	2×, 4×	58, 116
A. valvata var. *valvata*	4×, 6×	116, 174
A. zhejiangensis	2×	58

◆ 과실의 외관적 특성

다래나무는 종에 따라 개화 시기, 화기 구조와 색에서 확연한 차이가 있으며(〈그림 2-1〉), 과실 또한 차이가 크다. 가령 *A. maloides*의 과중은 0.6g으로 아주 작으며, *A. deliciosa*의 큰 과실은 240g 정도다. 특히 *A. deliciosa*와 *A. chinensis*는 가장 큰 과실을 맺어 경제적인 종이다. 일반적으로 야생의 *A. chinensis*는 과중이 20~120g이며, *A. deliciosa*는 30~200g이다(〈표 2-2〉). 과형은 난형과 구형이 주종이지만 종간 또는 종 내에 약간씩 다른 15가지 형태의 과실이 있다.

과실 표면에는 대부분 털이 있으며, 딱딱하고 먹기에 불편하다. 그렇지만 다래나무속 식물은 과실 표면이 매끄러운 것 등 자원이 풍부하므로 사과처럼 껍질을 벗기지 않고 먹을 수 있는 품종도 개발될 것이다.

예를 들어 길고 딱딱한 털이 있는 *A. setosa*와 털이 없는 *A. arguta*의 특성을 활용하면 과실이 크고 과피가 매끄러운 품종 육성도 어렵지 않을 것이다(〈그림 2-1〉). 과육의 색이 다양한 것도 다래나무의 중요한 특성이다. 과육색은 오렌지색, 황색, 자주색, 붉은색, 녹색, 짙은 녹색에 이르기까지 다양하다(〈그림 2-2〉, 〈그림 2-3〉).

〈표 2-2〉 주요 다래나무속 식물의 과실 특성

종 명	과 중(g)	과 피 색	과 피 털	과 육 색	풍 미
A. arguta	4~20	녹색, 자주색	없음	녹색	달고 약간 신맛
A. callosa	8~9	녹색	〃	녹청색	시고 닮
A. chinensis	20~120	갈색	짧고 부드러움	황색, 녹색	시고 닮
A. deliciosa	30~200	갈색, 녹색	길고 딱딱함	녹색	시고 닮
A. eriantha	10~40	진녹색	없음	녹청색	신맛
A. henanensis	15~23	붉은색	〃	붉은 심, 녹색 과육	적당
A. kolomikta	2~10	녹색, 연녹색	〃	진녹색	우수
A. macrosperma	15~25	오렌지	〃	오렌지	떨떠름, 매운맛
A. polygama	5~9	녹색, 노랑색	〃	황색	떨떠름, 매운맛
A. valvata	7~12	오렌지	〃	오렌지	떨떠름, 매운맛

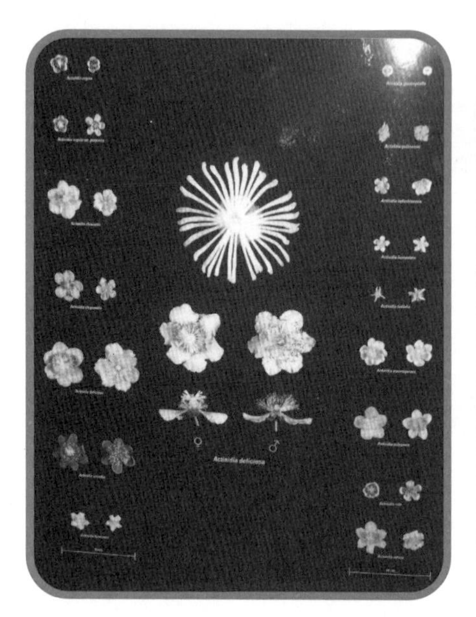

〈그림 2-1〉 다양한 다래나무속 식물의 화기 구조 비교(Ferguson, NZ)

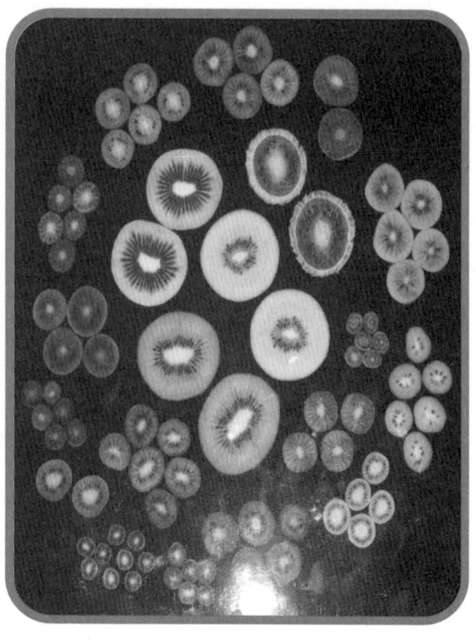

〈그림 2-2〉 다래나무 과실의 과육색과 단면(Ferguson, NZ)

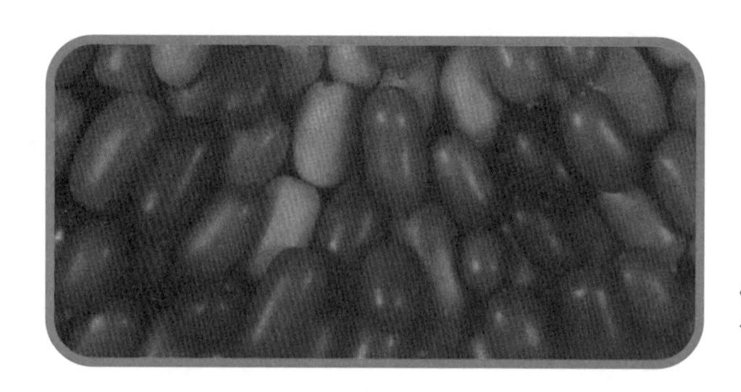

〈그림 2-3〉 새로 개발된 다양한 색깔의 자생다래 과실(뉴질랜드)

◆ 과실의 풍미와 영양성분

과실의 풍미(당도 포함)는 종류에 따라 다양하다(〈표 2-3〉). *A. chinensis*, *A. arguta*, *A. kolomikta*, *A. callosa*, *A. chrysantha*, *A. hebeiensis* 등은 맛과 향이 아주 좋지만 *A. polygama*는 떨떠름하며 쓰고 맛이 없다.

다래나무 과실은 비타민 C와 무기질, 식이섬유 함량이 아주 높다. 비타민 C

는 일반 재배종에서 생체과육 100g당 80mg 이상 함유되어 오렌지보다 2~3배, 사과보다 10배 높다. 다래나무 과실 중에서도 비타민 C 함량이 가장 높은 것은 *A. latifolia*(671~2,140mg/100mg), *A. eriantha*(500~1,379mg/100g) 등이다. 가장 널리 재배되는 '헤이워드(*A. deliciosa*)' 품종의 영양가치는 비타민 C 함유량 50~150mg/100g, 가용성고형물함량 12~18%, 단백질 0.11~1.2%, 칼슘, 마그네슘, 인 각각 0.01~0.03%, 칼륨 0.2~0.35%, 나트륨 0.002% 미만이다.

〈표 2-3〉 주요 다래나무속 식물 과실의 영양 성분 차이

종 명	비타민 C	당 도	산 도	아미노산
A. arguta	81~430	14~15	0.88~1.26	5.18
A. arguta var. *purpurea*	80.9	8	1.3	-
A. chinensis var. *chinensis*	50~420	7~19.2	0.9~2.2	-
A. chinensis var. *rufopulpa*	119	16	1.6	-
A. deliciosa var. *deliciosa*	50~250	8~25	1.1~1.6	4.1~6.0
A. deliciosa var. *coloris*	80	11	1.5	-
A. eriantha var. *eriantha*	500~1,379	5~16	1.3~2.9	7.93
A. eriantha var. *brunea*	874	12	1.4	-
A. hemsleyana	12~80	8~10	0.8~1.7	-
A. henanensis	25~29.7	5~16	1.3~1.7	-
A. latifolia	671~2,140	10	1.1~1.9	6.10
A. macrosperma	28.8	10	0.6~1	9.0
A. melanandra	203	14	0.9	8.9
A. polygama	58~87	11~17	0.2~1.1	-
A. setosa	79	10.5	1.3	-
A. valvata	62~92	80.5	0.2~1.4	4.65
A. zhejiangensis	289~371	10~12	1.4~1.7	-

국내 개발 품종

1) 치악(전라남도농업기술원, 전남완도)

〈그림 2-4〉

- 수집 : 1995년 치악산
- 실생후대파종 : 1996년
- 선발 : 2002년
- 당도 : 16~18° Brix
- 과중 : 10~16g
- 저장력 : 약 2개월
- 재배지역 : 전국에서 가능

※ 치악 품종의 장단점

〈장점〉
- 먹기 편함
- 맛있음
- 털이 없음
- 번거롭지 않음
- 한국인 향수 자극
- 영양가치 높음(2배)

〈단점〉
- 과실 성숙도 차이 큼
- 수세 강
- 재배관리 더 요구됨
- 인지도 낮음
- 저장기간이 짧음

2) 비단(전라남도농업기술원, 전남완도)

〈그림 2-5〉

〈그림 2-6〉

- 도입 : 중국종을 1995년 도입
- 교잡 : 1997년(s20 x s10)
- 선발 : 2002년
- 비타민 C 함량 : 900~1,400mg/100g
- 과중 : 20~25g
- 당도 : 14~16° Brix
- 개화기 : 6월초 개화
- 수확기 : 10월 중순
- 특징 : 백색털, 신개념 키위
- 기타 : 영양가치 탁월

※ 비단 품종의 장단점

〈장점〉
- 전혀 새로운 키위
- 백색털, 풍산성
- 짙은 녹색 과육
- 높은 영양가치
- 껍질 잘 벗겨짐
- 기능성 키위
- 새로운 소비시장 창출 가능성

〈단점〉
- 전혀 알려지지 않음
- 풋내가 남
- 내한성이 약함
- 수세 강
- 깍지벌레 취약

3) 만대(전라남도농업기술원, 전남해남)

〈그림 2-7〉

- 선발 : 2001년 헤이워드 우연실생
- 재선발 : 2003년
- 과중 : 90~100g
- 수확기 : 11월 상순
- 저장력 : 6개월 이상
- 과형 : 다소 각이 짐
- 과피털 : 강하고 많음

4) 해조(수분수, 전라남도농업기술원, 전남완도)

〈그림 2-8〉

- 교배 : 1997년
- 교배조합 : skk22 x skk23
- 1차선발 : 2003년
- 최종선발 : 2005년
- 특성 : 개화기가 마추아 대비 3일 정도 빠름
- 화분발아율 : 70% 이상
- 헤이워드와 화분친화성 : 양호

5) 해금(전라남도농업기술원, 전남완도)

〈그림 2-9〉

〈그림 2-10〉

※ 해금 품종의 장단점

〈장점〉

- 단타원형 외관 우수
- 풍산성, 결실이 균일
- 수세 강
- 저장력 3~4개월
- 평균과중 : 90~110g
- 당도 : 13.5~15.5° Brix, 신맛 적음
- 수확기 : 10월 20일경

〈단점〉

- 과정부 약간 함몰
- 적과 노력 요구
- 수확기 고온시 황색과육 발현 저조
- 당도 : 보통

6) 제시골드(난지농업연구소, 제주도)

〈그림 2-11〉

- 과중 : 평균 95~110g
- 당도 : 13~15° Brix
- 비타민 C : 130mg
- 과육 : 황색
- 숙기 : 10월 말

〈그림 2-12〉 왼쪽 : 제시골드, 중앙 : 뉴질랜드골드, 오른쪽 : 헤이워드

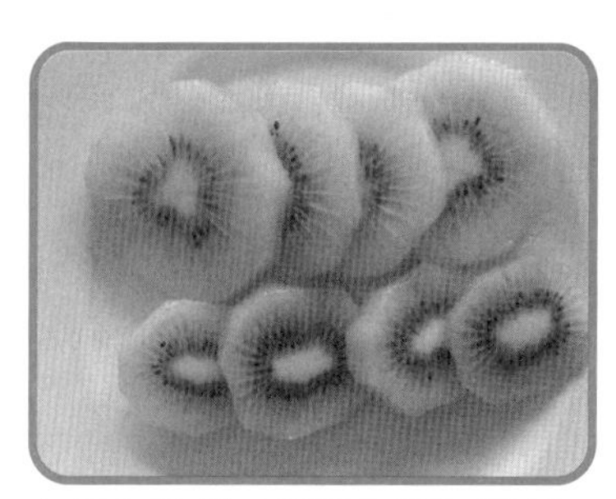

〈그림 2-13〉 위 : 제시골드, 아래 : 헤이워드

7) 제시그린(난지농업연구소, 제주도)

〈그림 2-14〉

- 과중 : 평균 107g
- 당도 : 13° Brix
- 과육 : 녹색
- 숙기 : 11월 초

8) 제시스위트(난지농업연구소, 제주도)

〈그림 2-15〉

- 과중 : 평균 95~110g
- 당도 : 17° Brix
- 과육 : 녹색
- 숙기 : 11월 중순

9) 화북 94(난지농업연구소, 제주도)

〈그림 2-16〉

- 과중 : 평균 95~110g
- 당도 : 12~13° Brix
- 비타민 C : 45mg
- 과육 : 녹색
- 숙기 : 11월 중순

10) 보옥(원예연구소, 경남남해)

〈그림 2-17〉

- 수확기 : 10월 25일
- 과중 : 95g
- 당도 : 15.4° Brix
- 과형 : 난형
- 과육색 : 녹색

11) 보화(수분수, 원예연구소, 경남남해)

〈그림 2-18〉

- 만개기 : 5월 30일
- 화분양 : 1.63g/100화
- 화분발아율 : 76.0%
- 꽃밥(약)수 : 312/1화

12) 방울이(원예연구소, 경남남해)

〈그림 2-19〉

- 다래×토무리 교잡종
- 2006년 선발
- 과피털 없음
- 생육초기 과피색은 녹색
- 수확기 부분적으로 갈색을 띰
- 과중 : 20g
- 당도 : 14.5° Brix
- 수확기 : 10월 13일

13) 성웅(성균관대학교)

〈그림 2-20〉

- 1997년 중국수집실생(성균관대)
- 2000년 1차 선발(수원)
- 2001~2003년 고접특성, 현장재배병행(수원, 제주, 완도, 남해)
- 2004년 품종보호출원
- '대흥' 수분수로 개화기가 '마추아' 대비 2~3일 빠름
- 화분발아율은 70% 이상
- 꽃받침은 짙은 갈색임

14) 대흥(성균관대학교)

〈그림 2-21〉

- 1997년 중국수집실생(성균관대)
- 2000년 1차 선발(수원)
- 2001~2003년 고접특성, 현장재배병행(수원, 제주, 완도, 남해)
- 2004년 품종보호출원
- 2006년 품종보호등록
- 대과(90~130g), 그린키위
- 당도 : 14.0~15.5° Brix, 풍산성
- 저장력 : 3개월 미만

※ 대흥 과실 장단점

〈장점〉
- 신맛 적음
- 당도 : 1~1.5° Brix 높음
- 과일 큼
- 풍산성, 생산성 높음
- 수세 강
- 병해충 강
- 수확 후 연말연시출하

〈단점〉
- 조직감 낮음
- 저장성 낮음
- 과실 쉽게 물러짐
- 1, 2, 5번과 편평과 발생
- 신맛선호 소비자 거부

15) 옥천(성균관대학교)

〈그림 2-22〉

- 중국 광둥성 수집 선발
- 개화시기 : 5월 5일~15일
- 개화량 풍부
- 화당 수술수는 적어 인공수분용으로는 부적합
- '해남' 품종의 수분수로 선발됨

16) 해남(성균관대학교)

〈그림 2-23〉

- 중국 광둥성 수집 선발
- 과중 : 100~120g
- 후숙당도 : 14~16° Brix
- 풍산성, 외형이 우수함
- 생육이 왕성
- 숙기 : 9월 하순~10월 상순
- 과육색 : 연녹색~연황색
- 단점 : 저장성 약, 2개월 이내 과육색 다소 불안정

17) 청산(강원도농업기술원)

〈그림 2-24〉

〈그림 2-25〉

- 수집 선발
- 과중 : 19g
- 후숙당도 : 18.0° Brix
- 후숙산도 : 0.4%
- 과형 : 원형
- 과육색 : 녹색

18) 보은4호, 춘천3호, 평창11호(자생다래 수집 선발, 산림청)

〈그림 2-26〉 왼쪽 : 보은4호, 중앙 위 : 춘천3호, 중앙 아래 : 일반다래, 오른쪽 : 평창11호

- 수집 선발
- 2003년 보은4호, 춘천3호, 평창11호 3품종 선발
- 평균 과실무게 : 17.1~18.8g(일반재래종 5.5g)

외국에서 육성된 주요 품종

1) 호트16에이(뉴질랜드 골드)

〈그림 2-27〉

〈그림 2-28〉

- 1987년 중국에서 들여온 골드 계통간 교잡선발
- 맛은 있으나 작은 과실을 모본으로 큰 과실계통 부본간 교배
- 1988년 종자파종, 605 개체 정식
- 1991년 개화, 결실시작
- 1993년 영양체 증식, 특성조사
- 1995년 식물보호특허출원, 농가 실증재배, 소비자 평가 진행
- 1998~1999년 시범 시장출하
- 2000년 첫 수출
- 2005년 현재 뉴질랜드 키위산업의 약 25% 차지
- 수세가 강하고 풍산성, 개화기가 헤이워드 대비 약 20일 이상 빠름
- 당도 6.5기준 도달 시점은 헤이워드보다 20~25일 정도 빠르나 황색이 어느 정도 발현되는 시점에서 수확하므로 수확기는 헤이워드보다 약간 빠름
- 후숙당도 : 14~16° Brix
- 과중 : 80~100g

2) 진타오(중국 후베이성 골드키위)

〈그림 2-29〉

- 중국 후베이성 무한식물원에서 1980~1981년 참다래 자원 탐사
- 1981년 중국 장시성 계곡에서 키위 자원탐사 중 발견
- 초기 무식81-1로 계통명명, 나중에 무식6호로 재명명
- 2001년 식물보호등록
- 2001년 정식 분양, 이탈리아에 묘목증식 이용권 판매
- 현재 이탈리아, 칠레, 아르헨티나, 캘리포니아 등지에서 재배

3) 화미2호

〈그림 2-30〉

- 평균과중 : 112g
- 후숙당도 : 14.5° Brix
- 중생종
- 풍산성, 생육왕성
- 환경적응성 우수
- 황갈색 과피, 연록색 과육

4) 진미

〈그림 2-31〉

- 평균과중 : 106.5g
- 후숙당도 : 10.2~17.0° Brix
- 풍산성, 생육왕성
- 원형으로 과정부 돌출
- 갈록색 과피, 녹색과육

5) 서향

〈그림 2-32〉

- 평균과중 : 75~110g
- 후숙당도 : 15~16° Brix
- 만생종
- 갈색과피, 녹색과육
- 풍산성

6) 금괴

〈그림 2-33〉

- 평균과중 : 100g
- 후숙당도 : 17~19° Brix
- 녹색과육
- 과형은 각진 약간 납작과
- 만생종으로 향기 좋음

7) 밀양1호

〈그림 2-34〉

- 평균과중 : 86.7g
- 후숙당도 : 12~17° Brix
- 긴 원통형, 풍산성
- 만생종
- 갈색과피, 연녹색 과육

8) 무식3호

〈그림 2-35〉

- 후베이성 무한식물원에서 수집 선발
- 과육은 녹색
- 과피털이 없고 짧은 연모가 잘 떨어짐
- 평균과중 : 85.6g
- 과형은 다소 납작
- 후숙당도 : 14.5° Brix
- 풍산성

9) 헤이워드

〈그림 2-36〉

- 1920년경 뉴질랜드에서 선발
- 전 세계적으로 90% 이상 점유
- 평균과중 : 80~90g
- 후숙당도 : 14° Brix
- 수세 중강
- 만생종
- 난형
- 저장력 강(6개월)
- 갈색과피, 녹색 과육

기타 참다래 품종

〈그림 2-37〉 귀장

〈그림 2-38〉 귀풍

〈그림 2-39〉 금양1호

〈그림 2-40〉 풍열

〈그림 2-41〉 추괴

〈그림 2-42〉 화광2호

〈그림 2-43〉 로산향

〈그림 2-44〉 태향

〈그림 2-45〉 무식6호

〈그림 2-46〉 화평1호

〈그림 2-47〉 토무아(조생헤이워드)

〈그림 2-48〉 화미1호

야생다래

〈그림 2-49〉 하남미후도

〈그림 2-50〉 모화미후도

〈그림 2-51〉 갈속미후도

〈그림 2-52〉 이장미후도

〈그림 2-53〉 조치미후도

〈그림 2-54〉 경리미후도

〈그림 2-55〉 대자미후도

〈그림 2-56〉 장용미후도

〈그림 2-57〉 산리미후도

〈그림 2-58〉 장엽미후도

〈그림 2-59〉 호북미후도

〈그림 2-60〉 번화미후도

3장

재배환경

03 재배환경

개요

참다래는 천근성 낙엽과수로 서리, 동해, 습해에 약한 편이다. 영년생 과수로 한번 심으면 다시 심거나 옮겨심기 쉽지 않다. 참다래를 식재하려는 지역의 환경조건 검토는 참다래 재배의 성공과 결부되므로 적지를 선정해야 한다.

참다래 재배에 영향을 많이 미치는 환경요소는 기후, 토양, 생물, 경제요소 등으로 구분할 수 있다. 이 중 기후요소인 기온, 우량, 햇빛, 바람, 서리 등은 영향을 많이 미친다. 참다래 세계 최대 생산국인 뉴질랜드는 북반구에 있는 우리나라와 달리 남반구에 있기 때문에 우리가 겨울일 때 여름이다.

뉴질랜드 참다래 주요 재배지인 북쪽의 오클랜드는 온대지역으로 온난습윤하지만 뉴질랜드 전역은 아열대 기후이며, 연평균기온은 15℃, 연평균강수량은 1,300~1,600mm이다.

참다래는 귤이나 아열대 작물 재배 지역에서는 기상재해를 받지 않으며, 일본에서는 낙엽과수지대에서도 재배한다. 그렇지만 같은 지역에서도 다른 과수

〈표 3-1〉 참다래 주산지의 기상

지 역	연평균 기온(℃)	1월 평균 최저기온(℃)	강수량 (mm)	습도 (%)	지 역	연평균 기온(℃)	1월 평균 최저기온(℃)	강수량 (mm)	습도 (%)
전남 고흥	13.5	-5.0	1,564	75.0	경남 고성	15.1	-2.7	1,492	69.3
보성	12.6	-4.9	1,639	69.0	거제	13.8	-2.7	1,764	69.0
장흥	12.8	-5.5	1,488	75.2	남해	13.8	-3.2	1,744	69.3
순천	12.4-	5.7	1,489	74.8	김해	13.4	-2.4	1,315	67.0
해남	13.3	-4.0	1,352	76.1	사천	13.4	-5.5	1,536	75.0
완도	13.9	-0.9	1,440	75.6	북제주	15.3	-2.1	1,424	74.0
진도	14.0	-1.8	1,152	77.0	남제주	15.9	-2.8	1,771	72.0
평균	13.2	-4.0	1,446	74.7	-	14.4	-3.1	1,578	70.8

보다 환경요인이 재배 결과에 영향을 크게 미친다.

기온

우량한 과실을 생산하려면 과수의 생육에 적합한 온도범위뿐만 아니라, 잎의 광합성과 당의 전류 또는 과실의 성숙에 필요한 충분한 양의 온열을 공급해야 한다. 참다래는 기온의 영향을 비교적 민감하게 받는 과수로 기온이 높으면 발아가 빠르고, 지엽신장이 크며, 수세도 왕성해진다. 반대로 기온이 낮으면 발아도 늦고, 지엽신장이 억제된다.

또 과실발육에도 크게 관여하여 발육기, 과실비대기 전반에 기온이 높고 일조량이 많으며 우량이 적당한 해에는 당도가 높고 충실한 과실이 된다. 참다래는 최저기온이 -10℃ 이하로 내려가지 않는 지역이 재배적지이며, -11~-12℃인 지역에서는 유목시 주간부의 지제부를 짚이나 보온피복재로 싸는 등 동해대책이 필요하다.

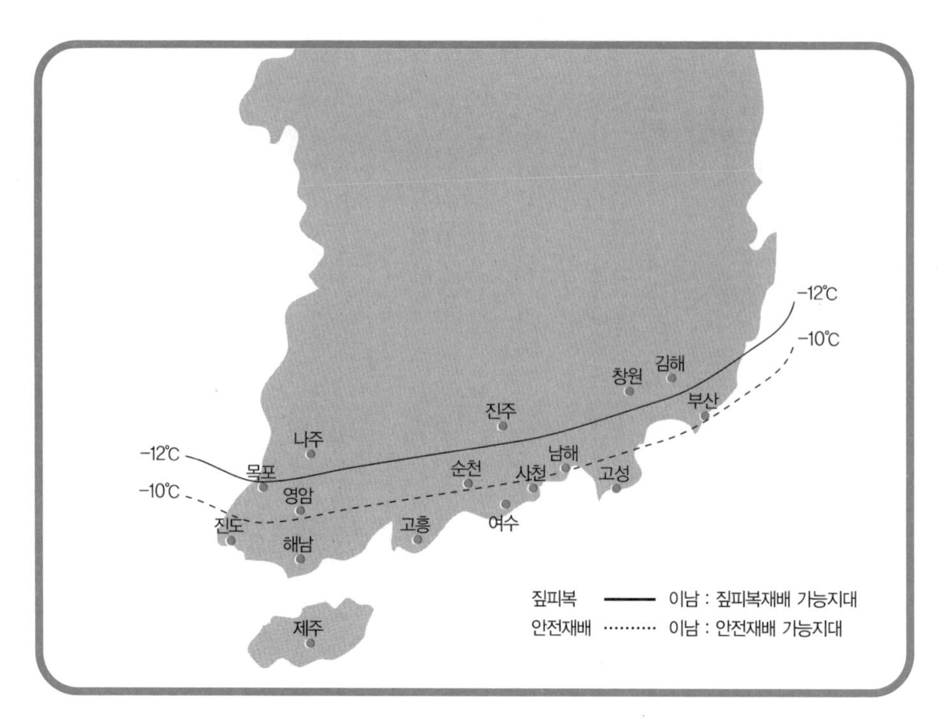

〈그림 3-1〉 참다래 재배지대 구분

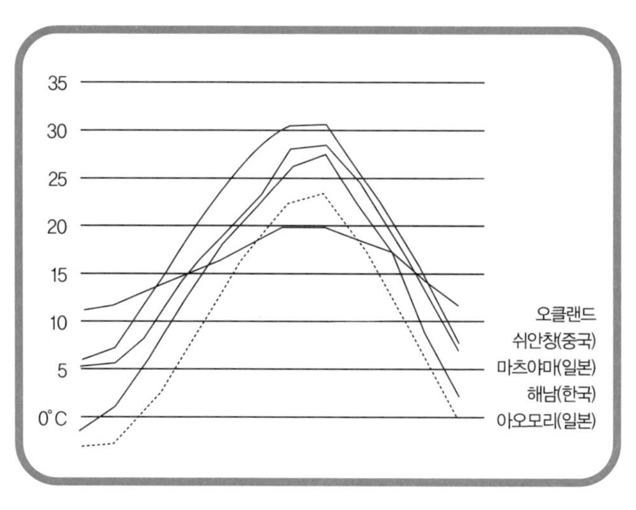

〈그림 3-2〉 지역별 월평균기온

지역별로 연평균 기온을 보면 원산지 중국 17.8℃, 일본 도쿄 15.3℃, 뉴질랜드 오클랜드 15.0℃로 뉴질랜드가 오히려 낮지만 겨울이 따뜻하고 여름은 20℃ 이하로 시원하여 연간 온도차가 작다.

여름철 온도가 너무 높으면 각종 장해가 생겨 동화와 호흡 작용의 불균형에 따른 생리장해와 가지나 잎, 과실의 이상고온에 의한 일소 등의 장해가 발생하여 경제적 재배가 곤란하다.

성숙기인 9~11월에 온도가 높고 서리가 내리지 않으면 품질 좋은 과실을 생산할 수 있는 지역이다. 우리나라의 남해안도 평균기온은 비슷하나 연중 온도교차가 심해서 월동기 동해 위험이 있다.

참다래 과수원 선정에서 또 주의해야 할 점이 동상해인데, 발아가 빠르면 만상(晩霜)의 피해를 받기 쉬워 4월 상중순 발아 직후 꽃눈을 달고 나오는 새로운 어린잎의 피해가 크고, 새로 나온 어린잎이 고사하거나 착화가 불량하여 수량감소로 이어진다.

또 수확기인 11월 상순경 초상에 노출되기 쉬운 곳은 과실이나 지엽에 장해를 받고 저장 중에 변질이나 부패 원인이 되기 때문에 적지라 할 수 없다.

오클랜드는 뉴질랜드의 참다래 재배지대 근처에 위치하며, 쉬안창(宣昌)은 중국 후베이성에 있는 참다래 원산지다. 오클랜드는 남반구이므로 1~12월이 우리나라의 6~7월에 해당된다.

강수량

과실은 80~90%, 잎은 70%, 가지나 줄기는 약 50%가 수분으로 이루어져 있어 수분은 수체 구성에 중요한 역할을 할 뿐만 아니라, 여러 가지 영양분의 용매가 되어 흡수와 분포에 관계하며, 체내의 모든 유기물의 합성과 분해에 없어서는 안 될 물질이다. 수분은 토양 중의 무기성분을 용해해서 식물체에 운반하는 것 외에 탄수화물을 합성하는 중요한 작용을 하는데, 특히 참다래는 건조에 매우 약하므로 수분이 적당히 유지되어야 고품질 과실이 생산될 수 있다.

또 잎이 크고 기공개폐가 둔하여 수분 증산량이 많고 증산 속도도 빠르며, 다른 과수는 일몰 후 증산 속도가 급히 저하되지만 참다래는 야간에도 상당량의 증산을 계속한다.

뉴질랜드의 주산지는 연강수량이 1,300mm이고, 매월 100mm(±20)씩 고루 분포하며, 스콜(여름비)이 정기적으로 내려 습도를 적당하게 유지함으로써 참다래의 생리 · 생태에 좋은 조건이다. 참다래는 개화기인 초여름부터 8월 중순까지 3~4개월이 왕성한 생육기로, 이때의 강수량은 수세나 과실 비대에 영향을 많이 준다. 강수량이 지나치게 많으면 신초신장이 과대해지고, 도장하며, 꽃눈(花芽) 착생도 나빠진다.

또 개화기에 비가 내리면 수분작업이 곤란해 결실률이 떨어지고 세균성꽃썩음병이나 과실무름병(연부병)에도 영향을 주기 때문에 조기방제에 힘써야 한다.

일조량

일조량이 부족하면 신초가 웃자라고 꽃눈의 형성과 결실이 불량하며, 과실의 품질도 떨어져 경제적 재배가 곤란하므로 햇볕이 잘 쬐는 장소를 택하고, 재식거리, 전정 등으로 나무의 내부까지 햇볕이 고루 비치게 해야 한다.

참다래의 광포화점은 2~3만 Lux(여름철 맑은 날 15~20만 Lux)로 다른 과수보다 광을 많이 요하며 3,200Lux 이하에서는 동화량보다 호흡에 의한 소모량이 증대된다. 참다래는 연간 1,800시간의 일조가 필요한데 우리나라의 일조는 연간 2,300시간이므로 나무의 정상 발육, 과실 당도 증진에 좋은 조건이다.

특히 9~11월 성숙기에 일조량이 많으면 품질이 좋은 과실을 얻을 수 있다. 하계 건조지대에서 생산된 과실의 품질이 우수한 것은 일조량이 풍부해서이며, 강우가 적은 해의 과실이 비대는 약해도 품질이 우수한 것은 일조량이 많은 까

닭이다. 그러나 여름부터 가을까지 고온건조가 지나치게 계속되면 엽소나 낙엽을 일으켜 과실이 일소를 받기 때문에 주의가 필요하다.

참다래의 번무한 엽들은 여름 전정 때 제거하고 주지, 부주지, 결과지 등에 광을 충분히 들어가게 하는 것이 엽에 의한 동화작용을 왕성하게 하고, 지엽의 생장을 조장하며, 과실의 품질을 높이는 데 큰 도움이 된다.

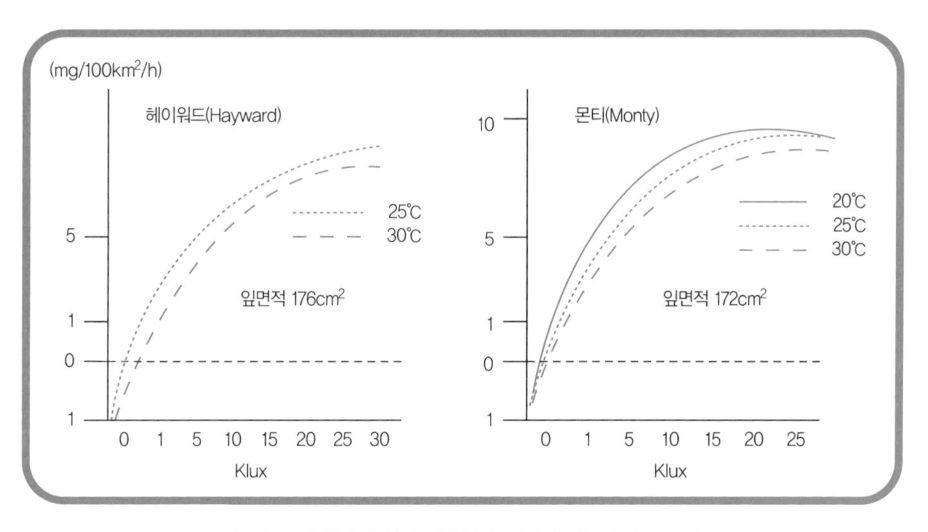

〈그림 3-3〉 참다래 잎의 광합성 속도(히메노(姬野) 등, 1983)

바람

참다래는 잎이 크고 평덕식 재배형태로 다른 교목성 과수보다 바람의 피해를 많이 받는다. 적당한 바람은 증산작용을 촉진하고 양분과 수분 흡수를 양호하게 한다. 또 상엽을 흔들어 하엽도 햇볕 쪼임을 좋게 하며, 이산화탄소 공급을 원활히 하여 광합성을 왕성하게 한다.

그러나 풍속 3m/sec 이상의 바람은 잎의 광합성작용을 방해하고 증산을 촉진하여 건조해나 한해를 일으킨다. 또 초봄 신초 손상에 의한 수량감소뿐 아니라 과실에 입힌 상처는 에틸렌가스 발생에 의한 수체상의 후숙 현상을 유발해 상품성, 저장성을 떨어뜨린다.

〈그림 3-4〉 참다래는 평덕식 재배를 하므로 바람 피해 대책을 충분히 세워야 한다.

그 반면 고온 다습기에는 습기를 마르게 하여 병해충 발생을 적게 하기도 하며, 혹한기에 냉기류 침체를 방지하여 동해 발생을 억제하기도 한다. 바람이 심한 곳이나 해풍을 받기 쉬운 곳은 되도록 피하거나 주의해야 하며, 그런 곳에서는 파풍망 등의 시설을 설치하여 바람을 적당히 받게 하고, 방풍림을 조성할 때에는 통풍과 차광에 유의해야 한다.

토양

질 좋은 땅을 완벽하게 준비하는 것은 성공적 과원 설립과 품질 좋은 참다래 생산에 필수적이다. 참다래의 토양 적응성은 꽤 넓어 식양토에서 화산회토까지 재배 가능하나 다른 과수처럼 점질토양이나 공극률이 낮은 토양에서는 생육장해가 생기기 쉽다.

일반적으로는 경토가 깊고 배수가 양호하며 보수력이 있는 토양이 좋은데, 이런 조건에서는 생육이 양호하고 재배도 편하다. 따라서 사양토에서 사토까지 부식이 풍부하고 단립구조 토양으로 유효토층이 40~50cm 이상인 곳이 좋다.

그러나 정체수나 배수 불량 과수원에서는 생육이 매우 약하고 산소결핍으로 뿌리가 부패하며, 수세 약화나 고사를 일으키므로, 특히 논 전환 과원에서는 주의해야 하고, 명거와 암거배수 등 배수대책이 반드시 필요하다.

잎의 전개 후부터 생육 전 기간에 건조가 계속되면 잎이 타거나 신초 생육이 불량하고 과실 발육이 심하게 억제되기 때문에 토양 보수성을 증진할 유기물을 투입하는 것은 물론 배수시설과 더불어 관수시설도 참다래 재배 과원에서는 필수 시설이다.

한편 토심이 얕으면 건조해를 받기 쉬워 적당한 관수와 함께 심경을 하여 뿌리를 깊이 분포시켜야 한다. pH 6.5 전후(6.0~7.0)의 약산성에서 중성의 토양을 좋아하므로, 산성토양을 개량할 때는 석회를 시용하여 적당한 수치에 가깝게 해준다.

〈표 3-2〉 토양 형태적 특성과 동해

구 분	토성별			배수등급		자갈함량(%)			유효토심(cm)			
	사양토	식양토	식토	약간 양호	양호	〈10	10~35	〉3	〈20	20~50	50~100	〉100
면적 분포비(%)	3.6	78.8	17.6	2.2	97.8	14.4	57.0	28.6	-	30.4	59.7	9.8
동해율(%)	8.2	13.4	20.6	7.2	5.3	6.2	8.4	19.6	23.1	8.5	6.0	4.6

〈표 3-3〉 참다래 재배적지 추천기준(화학성)

구 분	적 지	가 능 지	부 적 지
산도(pH)	6.3~6.5	5.5~5.5	〈5.0
유기물(%)	〉3.0	1.5~3.0	〈1.5
유효인(ppm)	100.0~300.0	50.0~100.0	〈50.0
칼리(me/100g)	0.5~1.0	0.2~0.5	〈0.2
칼슘(me/100g)	5.0~8.0	2.0~5.0	〈2.0
마그네슘(me/100g)	1.0~2.5	0.5~1.0	〈0.5
염기치환용량(me/100g)	15.0~20.0	10.0~15.0	〈10.0

〈표 3-4〉 참다래 재배적지 추천기준(물리성)

요 인	항 목	배 점 비 율			
		10	7	5	3
상승요인	지형	선상지 구릉지	곡간선상지 산록경사지	평탄지 홍적대지	하상, 사구 곡간, 산악지
	토성(심토)	(미사)식양토	(미사)사양토	식토	사토
	배수	약간 양호	양호	약간 불량, 불량	매우 양호
	경사	〈7	7~15	15~30	〉30
	가중치	2	2	1	1
	모재층 및 경반층(cm)	없음〉10	50~100	30~50	〈30
	지하수위(cm)	〉100	50~100	30~50	〈30
	가중치	−1	−2	−3	−5
상가요인	자갈함량(%)	10~35	〈10	35~50	〉50
	침식 정도	없음	있음	심함	매우 심함
	표토암반노출	없음	있음	많음	매우 많음

지형

참다래 재배에서 지형 선택은 배수와 더불어 매우 중요하다. 경사지의 과수원은 배수가 양호하고 일조와 통풍이 좋아서 토층이 깊은 곳에서는 재배가 용이하나, 기계화나 바람대책 등의 문제 때문에 7° 이하의 완경사지가 좋다. 급경사지는 신초가 상향으로 왕성하게 신장하여 신초 관리가 힘들다. 경사방향은 동남향에 빛이 충분히 드는 방향이 좋다.

특히 북사면은 북풍한파의 상습지로 궤양병과 동해를 많이 받기 때문에 반드시 피한다. 지형이 움푹 팬 곳(분지)은 만상이나 동해를 받기 쉬워 주의해야 하고 냉기류가 정체하지 않게 바람이 잘 통하는 경사 아래 방향이 개방된 곳이 바람직하다. 참다래는 음지나 반음지에서도 생육하지만 과실의 저장성이나 품질을 고려할 때 양지의 과수원이 적지다.

영양 기관의 생장

◆ 활동개시기

참다래는 겨울 동안 휴면하지만, 2월 중순에는 자발휴면(自發休眠)이 끝나고 추위 때문에 활동하지 못하는 타발휴면(他發休眠) 상태가 된다. 이는 어느 과수나 공통적인데 온도가 높아지면 수액유동이 시작되면서 싹틀 준비를 한다.

참다래는 다른 과수보다 활동 시작 온도가 낮다. 난지에서는 2월 상순, 그 밖의 지방에서도 2월 중순에 뿌리가 물을 빨아올리기 시작하는데, 이는 과수 중에서 가장 빠른 것이다. 나무의 아래쪽에서 물을 빨아올려 끝까지 가는 데 3~7일 걸린다. 그때까지는 아무리 저온이라도 장해를 받지 않다가 수액 유동이 시작되면 갑자기 추위에 약해진다.

이 시기에 얼거나 서리 피해를 많이 입으므로, 겨울 동안의 나무 보호가 특히 중요하다. 이 시기에 건조되면 특히 어는 피해를 입기 쉬우므로 물주기는 중요한 작업이다. 멀칭을 하지 않았을 때 건조하다고 물을 흠뻑 주었는데, 거기에 추위가 닥치면 언 피해를 입을 위험성이 높다. 물을 많이 주면 뿌리가 씻긴 상태가 되기 때문에 주의해야 한다.

물을 빨아올리는 시기이므로 물주기는 해야 하므로, 어는 피해가 염려되는 포기 밑동에 30cm 높이까지 북을 돋우고 흑색 폴리에틸렌에 구멍을 뚫어 멀칭을 하고 물주기를 한다. 봄 비료를 2월 하순에 하면, 겨울에 유인한 전년의 예비 가지에 붙어 있는 눈의 단단한 표면이 부드러워지고, 3월 하순부터 4월 상순까지 하면 그것이 찢어지며 눈이 나온다. 굵고 긴 가지보다 가늘고 짧은 가지의 양지쪽 눈이 일찍 나온다.

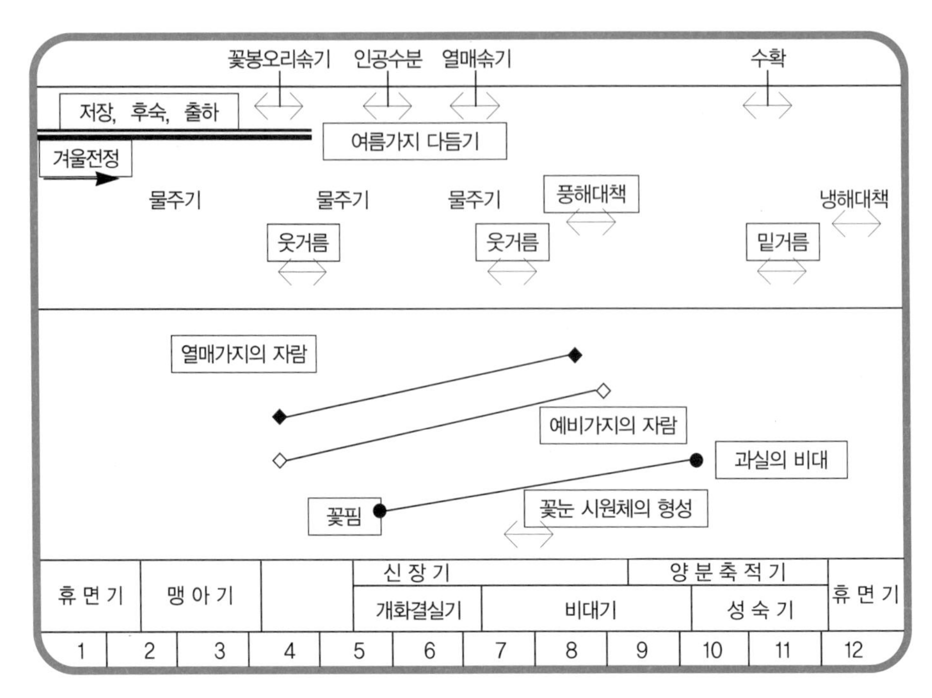

〈그림 3-5〉 참다래 생육과 연중관리

◆ 싹틈

보통 1엽액에 눈이 1~3개 있다. 약간 큰 중앙의 눈은 겨드랑눈(液芽)으로 되며 양측의 눈은 덧눈(副芽)으로 된다. 겨드랑이눈은 싹이 잘 터 새 가지로 자라나 덧눈은 숨은눈(潛芽)으로 되기 쉽다. 오래된 가지에서 숨은 눈이 싹튼 것은 대부분 잠재하던 덧눈이며 웃자람가지(徒長枝)가 된다.

겨드랑눈에는 잎눈과 꽃눈이 있다. 어릴 때는 발육이 왕성한 가지의 눈은 대부분 잎눈으로 되나 꽃눈은 성목이 되면 양호한 자람가지나 열매가지의 중상부터 쉽게 꽃눈을 형성한다. 꽃눈은 혼합눈이며 외관상 잎눈과 식별하기 어렵다.

싹틈은 4월 상순경에 시작된다. 싹틈은 감이나 복숭아 눈같이 인편이 외부에서 차차 벌어져 싹트는 것이 아니라 눈구멍(芽孔)에서부터 털에 싸인 눈이 돌출하여 잎이 피는 모양으로 시작된다.

◆ 가지와 잎의 자람

싹은 가지의 강약에 관계없이 일제히 트나, 잎이 피는 시기에 세력이 강한 나무의 눈에서 발생한 새 가지는 처음부터 왕성하게 자라 마디 사이가 길어진다. 이러한 현상은 대개 8잎 정도가 전개되는 시기부터 확실히 나타난다. 자람이 왕성한 새 가지는 윗부분이 예각을 이루나 생장이 약한 새 가지는 둔각이다.

새 가지는 싹트고 잎이 필 때부터 왕성하게 생장해 5월 하순에 가장 많이 자라며, 열매 비대성기에 들어가는 6월 상순부터는 점차 완만해져 8월 하순에는 자람이 거의 정지되나 과일 성분 충실기인 9~10월에도 자람이 다소 진행된다.

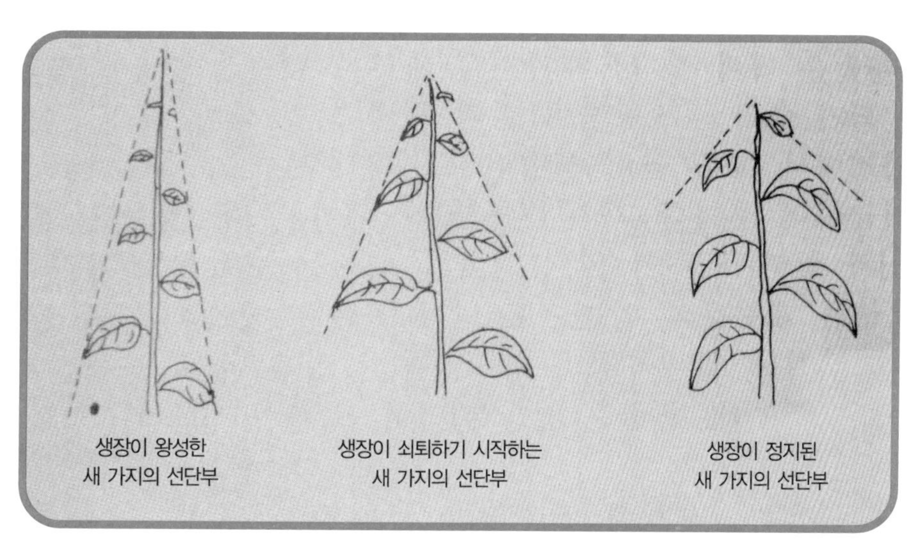

〈그림 3-6〉 새 가지 생장의 강약과 가지 선단부의 형태

잎의 자람은 잎이 전개된 후 착생되는 가지의 자람에 따라 크고 넓어지며, 가지 생장의 최성기에 잎의 자람도 왕성하다. 동일한 가지의 잎이라도 착생 부위에 따라 크기가 달라 밑동과 뒷부분의 잎은 작고 중앙부의 잎이 가장 크다.

참다래 가지 자람의 중요 특징에 분지 우세현상이 있다. 이는 이미 있는 원가지(主枝)나 버금가지(副主枝), 곁가지(側枝), 어미가지(母枝)의 각 가지에 대하여 분지된 가지가 강하게 되는 현상이다. 또 1년생 가지에서 나온 부초가 강하게 자라서 먼저 나온 가지의 자람을 쇠약하게 만들기도 하는데, 이런 현상은 다른 과수에서도 볼 수 있으나 발육 가지나 웃자란 가지를 강하게 남길수록 쉽게 일어난다.

분지우세성이 진행되면 과일의 자람과 균일도가 떨어지는 원인이 되기 쉽다. 특히 원가지를 연장할 때 이런 일이 발생하는데, 이때는 원가지보다 큰 가지는 베어내고 강하게 자라는 가지로 바꾼다. 또 버금가지를 너무 빨리 설정한 경우에도 원가지 세력이 약해지는 현상을 일으키는 과수원을 자주 볼 수 있으므로, 버금가지의 점유율을 원가지보다 크지 않게 하여 원가지 세력이 약해지지 않게 하고 버금가지의 세력이 커지면 서둘러서 가지를 바꿀 필요가 있다.

◆ 열매가지〔結果枝〕

4월 하순부터 5월 상순까지는 열매 밑가지의 새 가지〔新梢〕가 25~30cm로 뻗어나 있다. 잎도 7~8장 붙고 꽃봉오리가 보이기 시작한다. 열매 밑가지에서 나온 새 가지 중에도 전년에 햇볕을 잘 받지 못한 것은 꽃봉오리를 달지 않으므로 서둘러 제거한다. 이때 가지의 밑동을 집어서 비틀면 간단히 떨어진다.

꽃봉오리가 보이기 시작하면 과수원을 잘 둘러보고, 4월 하순부터 5월 상순까지는 열매가지의 위치와 수를 정해야 한다. 이때는 바람 피해에 대비하여 목표의 20~30%를 더 남긴다. 이상적인 것은 열매 밑가지가 2m라면 열매가지를 10개씩으로 하는 것이 좋다. 열매가지가 나오는 간격도 되도록 같게 하며, 균형이 맞지 않는 것은 결과수로 조절한다.

이 시기에는 아직 가지의 밑동〔基部〕이 튼튼하지 못하기 때문에 초봄의 강한 계절풍에 새 가지가 꺾이는 일도 있으므로 여유 있게 붙여두는 편이 좋다. 이 작업을 하는 시기는 나무자람세의 강도에 따라 조절한다. 나무자람세가 강하면 눈의 수는 적고 마디 사이가 길다. 2m의 열매 밑가지에 25눈 이하이면 나무자람세가 강한 편이다. 반대로 약한 경우에는 눈의 수가 30개 이상이 된다.

나무자람세가 강하면 눈따기(摘芽)는 늦게 하는 편이 좋다. 왜냐하면 새 가지가 뻗어야 나무가 안정되기 때문이다. 이 경우에는 눈따기를 꽃피기 직전까지 기다렸다 해도 좋다. 반대로 나무자람세가 약하면 새 가지 때문에 낭비가 심해지므로, 낭비를 없애기 위해 눈따기를 빨리 하는 편이 좋다.

그리고 나무자람세가 약한 경우에는 꽃피기 약 20일 전에 웃거름을 주기도 한다(꽃피는 시기 : 5월 하순~6월 상순). 나무자람세의 강약은 겨울 동안 알 수 있으므로 계획을 세워두면 효율적으로 작업할 수 있다.

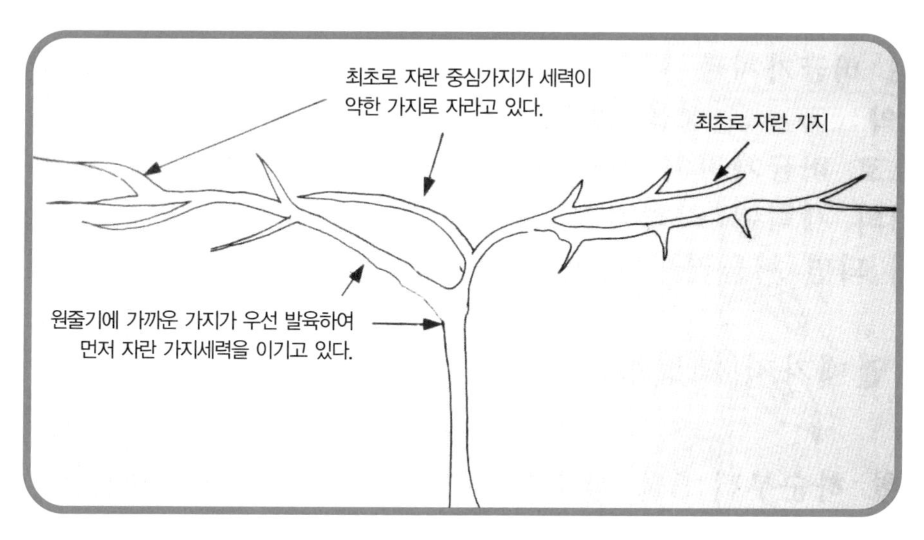

〈그림 3-7〉 분지의 우세성

◆ 예비가지

참다래에서는 열매가지가 되지 못하는 새 가지를 왕성하게 뻗어나게 하여 예비가지로 삼는다. 4월 중하순에는 10~15cm에 잎이 7~10장 붙어 있다. 이듬해를 위한 예비가지는 최종적으로는 버금가지에서 4개가 확보되면 좋지만, 태풍 등의 재해에 대비하여 목표의 약 20%를 더 남긴다.

특히 아주 웃자란 것과 생육이 나쁜 것을 제거하는 동시에 원가지에서 나온 붉은 빛을 띤 막눈을 따낸다. 4년째 이후에 막눈을 내버려두면 그 앞쪽은 패배가지가 되어 수형이 흐트러지는 원인이 된다. 이 시기에는 비가 그다지 많이 오지 않으므로 건조를 막기 위해 물주기가 필요하다.

그러나 잿빛 곰팡이병 염려가 있고, 꽃이 피어 있는 일도 있으므로 덕 위에서 스프링클러로 물주기는 피한다. 공중 습도를 유지하는 것보다 뿌리가 건조하지 않게 뿌리에 물을 주거나 스프링클러를 덕 아래로 내려 물주기하는 것이 좋다.

◆ 뿌리의 자람

2월 중하순부터 뿌리의 흡수 활동이 상당히 왕성하게 시작되어 뿌리압(根壓)이 급격히 높아지면서 수액 유동이 시작된다. 흰뿌리 생장은 3월 중순경에 시작되어 6월 중순경에 가장 왕성하고, 그 후 점차 완만해져 8월경에는 대부분 생장이 정지되었다가 9~10월에 다소 이루어진다.

뿌리의 발생을 보면, 원뿌리(主根)는 종자가 발아된 후 짧은 기간에는 볼 수 있으나 곁뿌리(側根)가 발생함에 따라 자람이 완만해지고 결국 생장이 멈춰 거의 발달되지 않는다. 어린모일 때 곁뿌리는 굵기가 거의 비슷한 가는 뿌리가 많이 나서 수염뿌리 모양의 뿌리뻗음새(根系)를 형성한다.

나이가 들면 곁뿌리 1~2개가 자라면서 굵어져 갈림뿌리(枝根)가 되고 기타 뿌리는 점차 약해져 죽는다. 이러한 곁뿌리는 3~5년 후에 골격이 되는 뿌리로 되는데, 굵기는 끝부분을 제외하면 거의 비슷하다. 굵은 뿌리 위쪽에는 새 뿌리가 잘 발생되나 아래쪽과 밑동에서는 새 뿌리 발생이 적다.

4장

번 식

04 번 식

개요

작물의 번식에는 유성번식(有性繁殖)과 무성번식(無性繁殖)이 있다. 유성번식은 종자번식 또는 실생번식이라고도 한다. 참다래에서는 씨앗을 발아시켜 실생묘목을 얻는 번식방법을 사용하지만 수정된 많은 종자에 품종 변이를 일으키는 단점이 있어 대량 번식에서는 실생종자를 파종하여 튼튼한 실생묘를 선발해 접목하는 방식으로 한다. 즉 실생번식은 주로 접목용 대목 생산에 이용한다.

무성번식은 영양체번식(營養體繁殖)이라고도 한다. 무성번식은 모체의 특성 또는 유전적 형질을 그대로 이어받는 식으로 개체의 수를 늘리는 기술적인 방법으로, 참다래는 주로 이 방법으로 번식한다. 참다래에서는 특별한 품종 육성을 제외하고는 주로 무성번식으로 개체를 번식한다. 이는 모체의 유전형질을 비교적 짧은 기간에 얻을 수 있기 때문이다.

참다래는 덩굴성 식물이라서 휘묻이로도 개체를 번식할 수 있으나 공간적 제약 때문에 많이 사용하지 않는다.

참다래 묘목 보급이 시작된 1980년대 초기에는 주로 뉴질랜드 수입묘목이 공급되었으나 수요량이 급격하게 늘어남에 따라 일본 묘목이 많이 공급된 적이 있다.

1980년대 후반에서 1990년대 초에는 농가 또는 국내전문 묘목생산업자 등이 공급하였고 전남 광주 등지에도 심어졌으나, 동절기에 동사하거나 참다래 궤양병 때문에 폐원된 곳이 많았다. 현재는 연평균기온이 13℃ 이상인 제주 지역과 목포, 장흥, 보성, 순천, 진주, 창원, 울산을 잇는 남해안 지역을 한계로 재배하고 있다.

종자번식

◆ 종자와 재료의 준비

참다래의 자가번식은 주로 열매에서 종자를 채취한 뒤 육묘상에서 많은 개체를 발아시켜 주간 지름이 10mm쯤 되는 실생묘(대목)를 만들어 높이 12cm 정도로 자른 다음 접목한다. 실생묘번식은 비닐하우스 시설을 이용하는데, 가온, 전열온상 등을 사용하면 겨울에도 가능하다.

채취한 종자를 노지에 바로 뿌릴 경우에는 3월 하순에서 4월 상순경에 파종한다. 안정된 발아와 많은 개체수를 확보하려면 시설하우스, 전열온상을 이용하는 것이 좋다.

참다래 종자 채종시 상품가치가 없는 소형과 또는 기형과를 사용하는 경우가 있는데, 안정된 우량종자를 확보하려면 100g 정도의 건전 과실을 이용하는 것이 좋다. 초기에는 상품성 없는 과실을 비닐에 싸거나 방치하여 과육을 말랑거리게 한 뒤 짚으로 꼰 새끼줄로 과실을 문지른 다음 15cm 정도의 이랑 가운데에 새끼줄을 묻어 보이지 않을 만큼 복토해 노지에서 발아시켜 실생묘를 얻었으나, 발아율이 저조하고 고르지 않았다.

일정한 발아를 위하여 종자를 물로 씻고 가는 체로 걸러서 선별했다. 보통 과실 100g에서 1,000개 이상의 종자를 채취할 수 있다. 종자 채취에 산을 처리하기도 하는데, 참다래는 과육을 제거한 뒤 음지에서 신문지를 깔고 풍건을 2회쯤 반복하면 종자를 쉽게 채취할 수 있다. 채취한 종자는 발아율을 높이기 위하여 휴면타파와 변온처리를 한다.

◆ 종자의 변온처리

참다래 종자는 휴면기에 7℃ 이하의 저온이 300~600시간 필요하므로 종자의 휴면타파는 4~5℃에서 적어도 2주쯤 처리해야 한다. 휴면이 타파되어도 변온처리하지 않으면 발아율을 높일 수 없다. 변온처리는 파종 전 또는 후에 야간 10℃, 주간 20℃일 때 2~3주간 처리한다.

참다래 종자의 층적 저장과 변온처리별 발아율 실험(Smith 등, 1967)이 수행되었으나, 우리 실정에 알맞은 변온처리 발아율 실험이 시행되어 일반 재배농가에서도 변온처리로 발아율을 높일 기술보급이 필요하다. 휴면타파한 종자를 지베렐린 5,000ppm 용액에 20시간쯤 침지한 후 그늘에서 24시간 말려 파종해도 발아율을 높일 수 있다(특수과수재배, 1990).

◆ 종자 파종과 육묘 관리

종자 파종상을 마련하지 않았다면, 종자 파종용 상토를 구입하여 육묘용 트레이를 이용할 경우 상자당 500립 정도 산파하고, 전열온상과 파종상이 있으면 10㎡당 종자 10g을 뿌린다. 참다래 종자는 비교적 크기가 작아 산파할 때 가는 모래와 종자 비율을 10 대 1 또는 모래를 기준으로 육묘상에 골고루 뿌릴 만큼 혼합하여 산파하면 효율적이다.

산파 후 모래가 보이지 않게 가는 질석을 2~3mm 뿌려 복토한다. 이른 봄에 파종할 때는 수분 증발을 방지하기 위해 유리판을 덮어주면 좋다. 면적이 넓은 파종상에는 가는 지주를 촘촘히 놓고 흰색 광목을 덮어 관리하면 일정한 발아율과 발아세를 높이는 효과가 있다.

파종 직후 육묘 트레이나 묘판에 수분을 공급하는 것은 바람직하지 않으며, 상토에 수분을 충분히 공급하여 포장용수량이 된 상태에서 파종하고, 발아 후 균일한 묘 상태가 될 때까지 보습 관리한다.

◆ 육묘상(전열온상) 파종 순서

전열온상 전기 안전 점검 → 상토 비비기(덩어리 깨기) → 상토 넣기 → 상토면 고르기(미장용 흙칼) → 물주기(가는 물줄기 2회) → 포장용수량 만들기 → 품종별 구획정리(줄띄기) → 모래 혼합 파종 → 복토(가는 질석) → 지주 받침대 설치 → 보습 관리(광목 또는 유리판 덮기) → 주야간 온도 조정 관리 → 균일한 묘 성장 후 수분 관리 → 묘 성장에 따라 차광막 설치 관리와 같은 순서로 파종상을 관리하면 발아력과 발아세가 균일한 모종을 얻을 수 있다. 보통 20℃ 정도에서 3주쯤 지나면 발아된다.

모든 모종은 잘록병에 매우 약하므로 파종상의 청결은 무엇보다 중요하다. 한 번 사용한 상토는 발아에 다시 쓰지 않고, 고온기 또는 온도가 상승하는 시기에 파종상은 수시로 소독한다. 또 묘판 성장 과정에서 과습하면 민달팽이 피해를 받을 수 있으므로, 모종의 뿌리가 건실해지면 상토 윗면을 건조하게 관리한다.

파종량이 많으면 쉽게 밀식되어 웃자랄 수 있고 대목의 굵기와 단단함이 줄어들 수 있으므로 적정하게 파종 관리해야 한다. 너무 어린모가 웃자라 이식되면 건전하게 회복되기까지 2주쯤 소요된다. 이식은 한 개체씩 포트에 옮겨 관리하면 좋지만 노동력, 경비 절감 차원에서 육묘장소에 직접 이식하기도 한다.

1차 이식은 잎이 3장쯤일 때, 2차 이식은 5장쯤일 때 10cm 간격으로 넉넉하게 하는 것이 좋다. 정식은 묘 포장에 30cm 간격으로 하고 충실하게 생장시킨다. 정식하기 전에 웃비료를 1~2회 해주면 좋다.

접목번식

◆ 깎기접

▷ 접수채취와 저장

접수는 충실한 1년생 가지가 좋으며, 휴면기간에 채취한다. 접수는 지하실이나 서늘한 창고에서 습기가 적당한 모래나 톱밥 등에 묻어 저장한다. 접수가 소량이면 비닐로 싸서 4~5℃의 냉장고에 보관해도 좋다.

▷ 접목시기

접목은 수체 내의 수액이 흘러나오지 않는 시기에 실시해야 활착이 양호하다. 깎기접의 적기는 제자리접의 경우 2월 중순경이며, 이 시기가 지나면 수액 상승이 둔화되는 5월 상중순에 접목하는 것이 좋다. 3~4월에는 수액 이동이 활발하여 대목의 절단면에 수액 유출이 심하기 때문에 활착률이 떨어진다. 딴자리접을 할 때에는 3~4월에도 활착이 양호하다.

▷ 접목방법

대목의 지름은 10mm쯤 되어야 하며, 접목은 보통 지제부부터 10~12cm 높이로 하나 대목의 지름이 작으면 큰 기부에 실시하는 것이 좋다. 접수 조제는

2~3눈 길이로 잘라서 윗눈의 하부에서 2.0~2.5cm 깎아내고, 반대편의 기부를 45° 각도로 0.5cm 깎아낸다.

대목은 약간 경사지게 절단하고 절단면의 측면에서 목질부를 어느 정도 붙여서 2cm 아래쪽으로 절개한다. 대목의 절개 부분에 준비한 접수의 형성층과 대목의 형성층이 어느 한쪽은 일치되게 접수를 삽입하고 비닐테이프로 고정한다. 접수의 상단 절단면은 접납이나 발코트를 발라 건조를 방지한다.

◆ 눈접

참다래의 새 가지는 박피가 용이하지 않으므로 T자형 눈접은 작업하기 곤란하다. 그러므로 눈접할 때에는 깎기눈접을 하거나 1눈허리접을 하는 것이 좋다. 깎기눈접이나 눈허리접은 대목의 지름이 7mm 이상이면 가능하며, 활착된 것은 휴면기간에 대목의 접목부위 상단을 잘라준다.

참다래 가지나 뿌리의 절단면 형성층은 유합조직의 형성능력이 매우 높다. 그러므로 삽목할 때 유합조직이 지나치게 형성되어 발근이 어렵게 되거나 뿌리내리기까지 시일이 소요되는 경우가 많다. 특히 아보트 품종에서는 과도한 유합조직이 형성된다. 삽목할 때는 발근촉진제를 사용하고, 미스트 장치와 저열온상을 이용하여 발근을 촉진하는 것이 좋다.

삽목번식

◆ 경지삽

경지삽은 4월 상순에 한다. 삽수는 휴면기에 채취하며, 2차 생장지 같은 조직의 새로운 가지를 채취하여 사용하는 것이 발근이 양호하다. 삽수의 조제는

15~20cm 길이로 잘라 기부는 눈의 바로 밑부분을 발근 면적이 넓어지게 비스듬히 절단하고, 상부의 절단면은 건조를 방지하기 위해 접납이나 발코트를 바른다.

삽수는 IBA 25ppm액에 24시간쯤 침지하거나 하룻밤 정도 물에 침지한 후 IBA 1% 분제를 기부에 분의하여 삽목한다. 상토는 마사토가 적당하며, 삽상 내의 습도를 유지함과 동시에 차광망이나 발 등으로 햇빛가림을 해야 발근이 용이하다.

〈표 4-1〉 참다래 휴면지를 IBA 25ppm에서 24시간 침지처리시 발근율, 지하부와 지상부의 생육에 미치는 영향(쓰루타(鶴田) 등, 1980)

품 종	Callus 형성률(%)	발근율(%)	1차신장(cm)	1차근수(개)	총신초장(cm)	생존율(%)
마추아	88 100	82 69	76.0 41.8	5.1 3.1	11.5 5.2	88 69
부르노	97 70	75 65	76.2 87.4	6.3 7.7	6.9 3.8	81 65
몬 티	90 87	77 71	123.0 84.7	8.7 6.1	13.0 8.1	87 71

◆ 녹지삽

녹지삽은 5월 중하순부터 9월까지 삽수로 이용할 새 가지가 어느 정도 목질화된 6월 하순에서 7월에 삽목하는 것이 좋다. 삽수는 당년생 가지로서 기부와 미숙 선단부를 제거하고 약간 목질화된 중간부위를 이용하는 것이 발근이 양호하다.

삽수는 15~20cm로 조제하고 잎을 1~2매 남겨두며, 남긴 잎은 수분 증발을 줄이기 위해 절반으로 자른다. 잎을 완전히 제거하면 발근이 현저하게 억제된다. 기타 삽수의 조제나 발근촉진제 처리는 경지삽과 동일하다.

삽상은 밀폐삽상이 좋다. 삽수가 발근되기 전까지는 상토가 과습해지면 삽수의 기부가 부패되기 쉬우므로 과습되지 않게 주의한다. 삽목상 내 공기 중의 상대습도는 80% 전후로 유지하여야 발근이 양호하므로 가능하면 미스트 장치를 설치하는 것이 좋다. 삽상 내 온도는 30℃ 이상 오르지 않게 유의하고 발이나 차광망 등으로 40~50% 햇빛가림을 해준다.

〈표 4-2〉 녹지밀폐 삽목시 IBA 25ppm 처리 유무가 발근에 미치는 영향
(오카베(岡部) 등, 1978)

품종 \ 구분	IBA 처리 유무	발근율(%)	근량지수	고사율(%)
헤이워드	유	73	71.0	3.3
	무	8	50.0	8.3
부르노	유	88	77.8	10.0
	무	67	65.8	16.7
몬티	유	93	77.1	0
	무	70	50.1	10.0
아보트	유	83	56.1	0
	무	50	41.3	10.0
마추아	유	98	84.4	5.0
	무	55	58.3	17.8

※ 삽목 시기 : 8월 23일

※ IBA : Indole Butylic Acid(생장조절제)

※ 근량지수 = $\frac{[\text{다}\times 4+\text{중}\times 3+\text{소}\times 2+\text{극소}\times 1]}{\text{발근개체수}\times 4}\times 100$

5장

개원과 재식

05 개원과 재식

개원

◆ 적지

참다래는 아열대성 과수로서 봄, 가을에 서리가 없고, 배수가 양호하며, 습도가 적당하게 유지되고, 일조량이 좋으며, 바람이 적게 타는 곳에서 잘 자란다. 연평균기온 14℃ 이상, 최저기온 -12℃ 이하로 내려가지 않는 지역이면 좋으며, 그 이하로 내려가면 동해 위험이 있다.

토양산도는 pH 6.0~6.5 범위가 좋으며, 거름기가 있는 곳이면 더욱 좋다. 또 유효토층, 즉 뿌리가 뻗어내려 갈 수 있는 표면토양의 깊이가 깊을수록 생산성과 과수의 경제수령, 재배관리 등이 양호하다.

과수원의 경사도는 8~10° 가 좋으며 산사면에는 등고선을 따라 계단식 개원도 가능하다. 논토양을 이용하여 개원할 때는 객토와 심경과 배수시설에 유의하여야 한다.

자갈이 많은 곳은 물 빠짐이 양호하기 때문에 거름기를 충분히 유지하고 관수를 충분히 하면 좋은 수확을 기대할 수 있다.

◆ 규모

뉴질랜드에서는 한 포장의 구획을 최대 폭 40m, 길이 150m로 조성하는 경우에 최고의 생산성을 얻었지만, 우리나라 과수원은 주로 평지보다는 산사면과 계곡, 밭 토양을 이용하여 조성되고, 면적 또한 일정하게 구획하기가 현실적으로 어렵기 때문에 뉴질랜드 규모를 따르기는 어렵다.

또 우리나라의 재배적지는 주로 바람이 많은 제주와 전남, 경남의 해안지방이므로 바람피해 대책(파풍망, 비가림, 방풍림, 방풍벽 조성)을 적절하게 세우고, 나름대로 과수원의 토양 상태를 고려하여 설정할 수밖에 없다.

◆ 농로와 배수로

우리나라는 과수원의 면적이 넓지 않고 영세포장(991m²(300평) 이하)이 많아 한 과수원의 면적이 3,305m²(1,000평) 이상인 경우가 드물며, 재배방법도 덕의 높이가 낮고, 평덕식이 대부분이어서 농로를 넉넉하게 만들지 못하고 있다.

하지만 과수원 관리 생력화를 위해서는 농로를 설치해야 하는데, 농로의 폭은 트럭이나 농기계 일방통행이 가능하려면 최소한 2.5~3.5m를 확보해야 하며, 과수원의 방풍시설을 따라 설치하는 것이 좋다.

배수로는 주로 농로를 따라 설치하며, 과수원 내의 배수로는 암거배수를 하는 것이 관리 작업에 좋다. 과수원 주변에는 명거배수를 하여 비가 내릴 때 외부의 물 유입을 차단하는 것이 좋다.

구　　분	도 로 폭(m)	도로의 종류
트럭과 트럭 교차 가능	5.0~6.5	↑ 간
트럭과 우마차 교차 가능	5.0~6.0	선
우마차와 우마차 교차 가능	3.4~4.0	도
트럭과 일방통행 가능	3.0~3.5	↓ 로 ↑ 지
우마차와 리어카 교차 가능	2.5~3.5	선
리어카와 리어카 교차 가능	2.5~3.0	도 ↑ 경
리어카와 사람 교차 가능	2.0	↓ 로 작
사람과 사람 교차 가능	1.50	도
한 사람 보행 가능	0.75	↓ 로

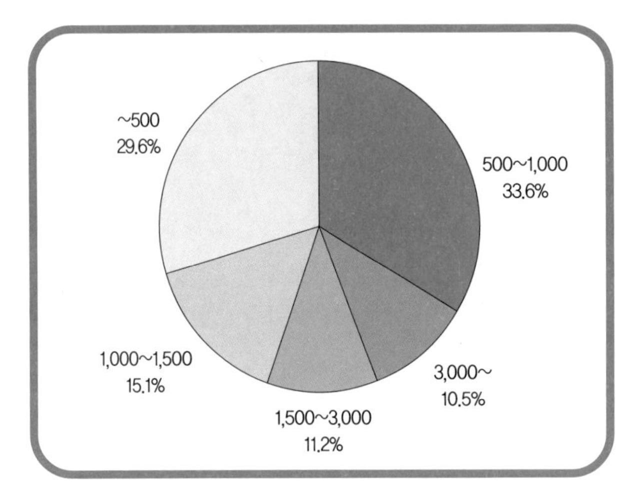

〈그림 5-1〉 전남 지방의 농가별 재배면적(해남과시, 1996)

◆ 방풍림과 방풍시설

▷ 방풍의 필요성

방풍은 참다래 재배의 성패를 좌우할 만큼 대단히 중요한데, 초기 과원조성 시 소홀히 하면 피해가 크게 나타난다. 특히 신초발생기의 강풍은 꽃의 탈락과 수형 구성에 큰 영향을 주며, 과실의 당도, 수량감소뿐만 아니라 품질에도 영향을 준다.

전남 지방의 방풍 현황을 보면 방풍림과 방풍시설이 안 된 곳이 54.6%이고, 조성된 경우는 삼나무 22.7%, 편백 · 측백 12.8%, 유자나무 등 기타 6.4%였으며, 비가림 · 방풍망 시설이 7.8%로 미미하여 방풍대책이 시급하다.

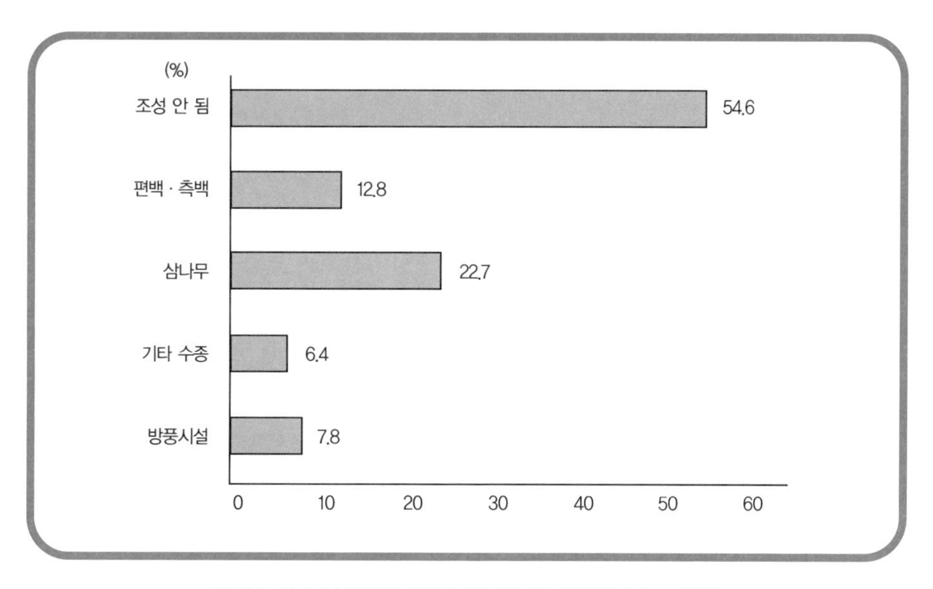

〈그림 5-2〉 전남 지방의 방품림과 방풍시설 현황(해남과시, 1996)

▷ 방풍림

① 방풍수종 선택할 때 고려사항 : 방풍수종을 선택할 때는 지역 특수성을 고려하여 서리, 해풍, 토성, 배수 유형에 따라 잘 자라는 수종을 선정하며, 뿌리 뻗음이 좋고 최종적으로 어느 높이까지 자랄지 잘 살펴야 한다. 또 병이나 해충이 선호하는지 또는 이들에 대해 저항성이 있는지 고려해야 한다. 뉴질랜드에서는 포플러나 오리나무류가 생장 속도도 빠르고 병충의 피해도 적어 선호하며, 우리나라에서는 삼나무를 주로 식재하나 측백 · 편백나무도 이용한다. 지나친 방풍은 화아 분화기에 꽃눈의 발달을 저해할 수 있으며 꿀벌의 활동을 방해할 수도 있다.

② 재식방향과 방법 : 방풍 효과는 방풍높이의 약 20배 거리까지이며, 방풍림으로부터 8배 정도의 거리에서 약 50%의 풍속 감소를 가져온다. 적당한 방풍림 밀도는 바람이 40~50% 투과할 수 있게 하는 것이다(〈그림 5-3〉). 재식방향은 남북향으로 하여 일사량을 많게 하는 것이 좋고, 재식거리는 1~1.5m가 좋다. 재식초기에는 2~3열로 하여 방풍효과를 극대화하고 성목이 되어감에 따라 간벌하는 것도 좋다. 뉴질랜드에서는 방풍림 높이를 10m로 하고 방풍림의 구획은 폭 30~50m, 길이 80~120m로 유지하는 방법이 권장된다. 재배가들의 경험에 따르면 경제적인 방풍림은 덕 높이의 3~4배라고 한다.

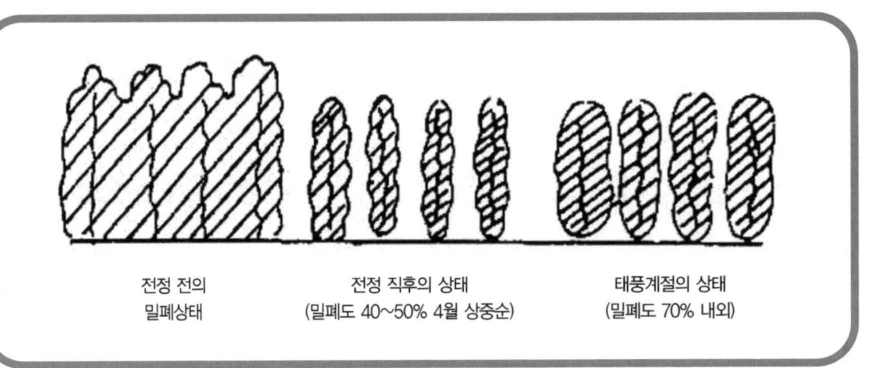

〈그림 5-3〉 방풍림(삼나무)의 전정 요령

③ 재식 후 관리 : 식재 직후에 지상에서 0.5m 높이에서 절단한다. 식재 후 2~3년간은 잡목제거와 제초작업을 해야 하며 토양에 따라 관수와 시비도 한다. 식재 3~4년 후에는 뿌리가 10m까지 이르는 경우도 있기 때문에 뿌리절단이 필요한데, 나무에서부터 1.5~2m 거리에서 60~70cm 깊이로 실시한다.

▷ 방풍시설

① 방풍시설의 이점 : 방풍시설의 높이는 나무 위로 2~4m 올라가게 하는데, 과수원 규모에 따라 조정 가능하며 내부방풍시설을 할 경우에는 바람 차단효과를 극대화할 수 있다. 방풍시설의 이점으로는 개원과 동시에 설치 가능하고, 과수원의 이용 효율을 높일 수 있으며, 병해충 위험이 적다는 것이다. 수분과 양분의 경합이 일어나지 않을 뿐만 아니라 정지작업 등 제반 관리작업이 불필요하고, 바람의 통과율 조절이 가능하기 때문에 그늘짐을 적게 할 수 있다.

② 구조와 자재 : 현재 방풍 목적으로 방풍시설을 하는 경우는 많지 않으며, 선진국에서도 방풍시설을 이용해 방풍을 실시하는 경우가 드물기 때문에 적정규모와 자재에 대한 자료는 충분하지 않다. 뉴질랜드에서는 과수원의 테두리를 형성하는 경우 높이를 15~20m로 하고, 과수원의 내부방풍은 12~15m로 하여 바람이 50% 정도만 통과할 수 있게 한다. 이 기준은 비용과 설치상의 어려움이 많기 때문에 풍속 감소효과가 시설높이의 7~10배 거리(〈그림 5-4〉)임을 감안하여 우리나라 포장 성격에 맞게 조절한다.

보통 우리나라 농가나 감귤원에서 하는 구조는, 시설의 높이는 덕 위로 2~4m로 하고, 지름 32mm 파이프를 이용하여 0.5m쯤 구덩이를 판 뒤 콘크리트를 하여 3m 간격으로 기둥을 세워 가로로 중간과 윗부분에 버팀대를 댄다. 그물망 재질은 아크릴이나 나일론 어망류를 이용하며, 망의 크기는 보통 1×1cm

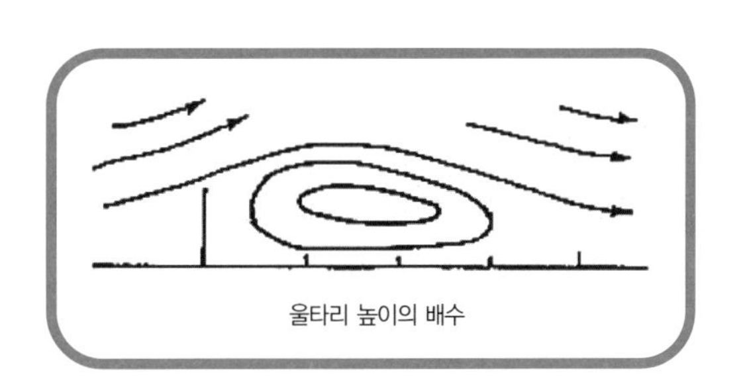

〈그림 5-4〉 방풍울타리 부근에서 바람이 흐르는 모양

또는 0.5×0.5cm가 이용되나 내구성이 더 강한 재료 개발이 요구된다.

한편 풍해 경감 효과는 방풍네트와 덕식+망피복이 좋으며(〈그림 5-5〉), 바람 피해 경감에 의한 상품률은 덕식+방풍네트가 높았다(〈그림 5-6〉). 경사지에서 방풍 울타리를 만들 때는 방풍 방향을 검토하여 효과 있는 쪽에 설치해야 한다.

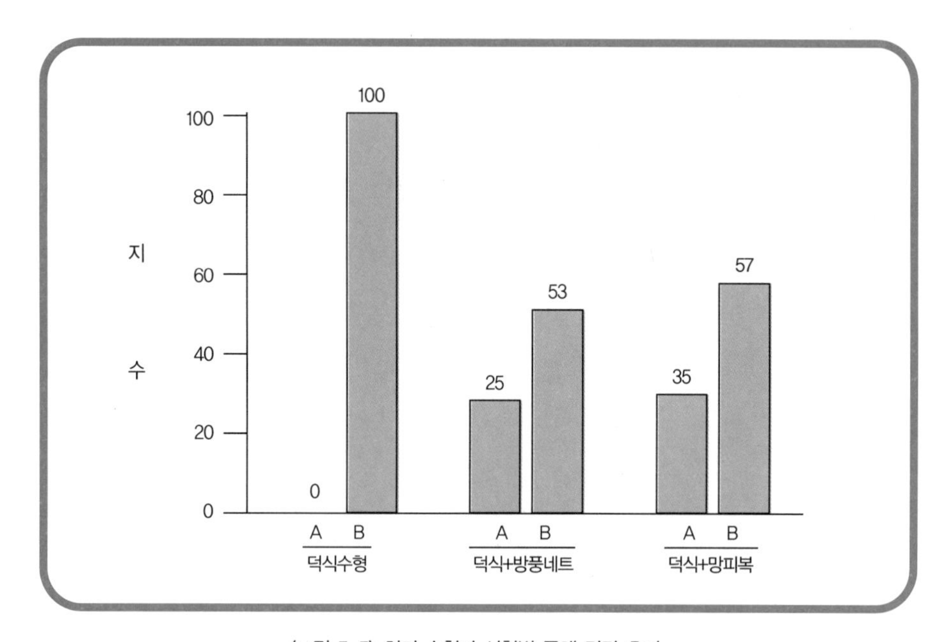

〈그림 5-5〉 처리 수형과 시험별 풍해 경감 효과

방풍 대책으로 방풍림이나 방풍울타리 조성이 기본인데, 근래에는 방풍시설보다 무리가 되지 않게 파풍벽이나 파풍망 설치 쪽으로 실용화되는 추세이며, 제주도의 일부 농가가 이를 설치하여 피해를 최소화하고 있다.

방풍림 효과는 바람이 부는 방향으로는 방풍림 높이의 10~15배이고 반대방향으로는 5배 정도다. 수종은 삼나무, 편백, 측백, 광나무 등을 주로 이용하는데, 과수원이 넓으면 과수원 사이에 파풍망을 조성하는 것이 바람직하다.

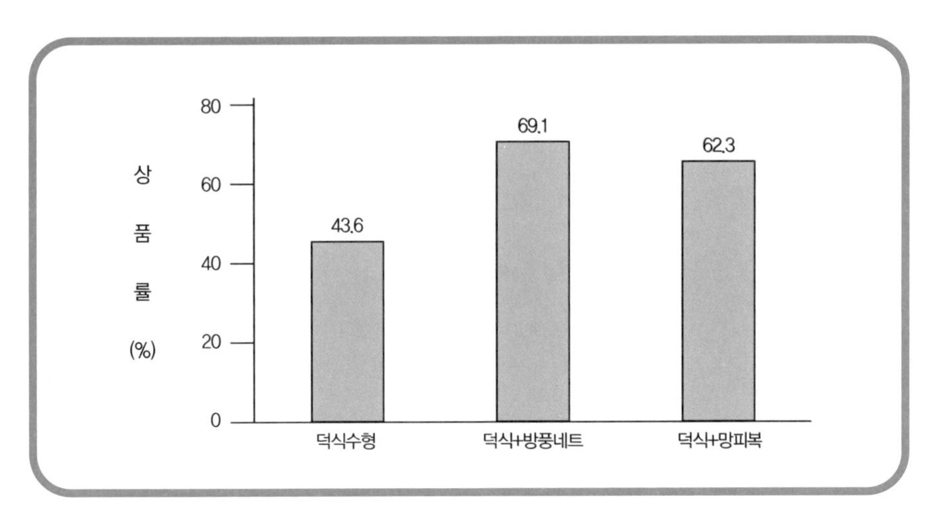

〈그림 5-6〉 바람 피해 경감에 의한 상품률 향상

재식

◆ 시기

참다래 재식은 초봄이나 늦겨울 생장이 시작되기 전에 하는 것이 좋다. 보통 11월 중순부터 휴면에 들어가기 때문에 늦가을부터 심어도 무방하나, 겨울철에 동해 위험이 있으므로 일찍 심는 경우에는 재식 후 볏짚 등으로 피복하는 대책이 필요하다. 너무 늦게 심는 경우에는 생장이 떨어지므로 2월 하순까지는 심는 것이 좋다.

◆ 재식 준비

▷ 묘목 선택

묘목은 육묘상에서 육묘한 건전한 1~2년생 접목묘나 삽목묘를 심거나 1~2

년생 실생묘를 심어 이듬해 초봄에 고접을 한다. 묘목은 뿌리 발달이 좋고 줄기가 튼튼한 것을 선택하는데, 묘목 선택시 일반적인 유의사항은 다음과 같다.

- 정확한 품종을 선택한다.
- 가지가 굵고 마디 사이가 짧고 튼튼한 것을 선택한다.
- 뿌리의 발달이 양호하고 굵은 뿌리와 잔뿌리가 고루 많은 것을 선택한다.
- 가지에 깍지벌레 피해 또는 뿌리에 선충 감염이 안 된 것을 선택한다.

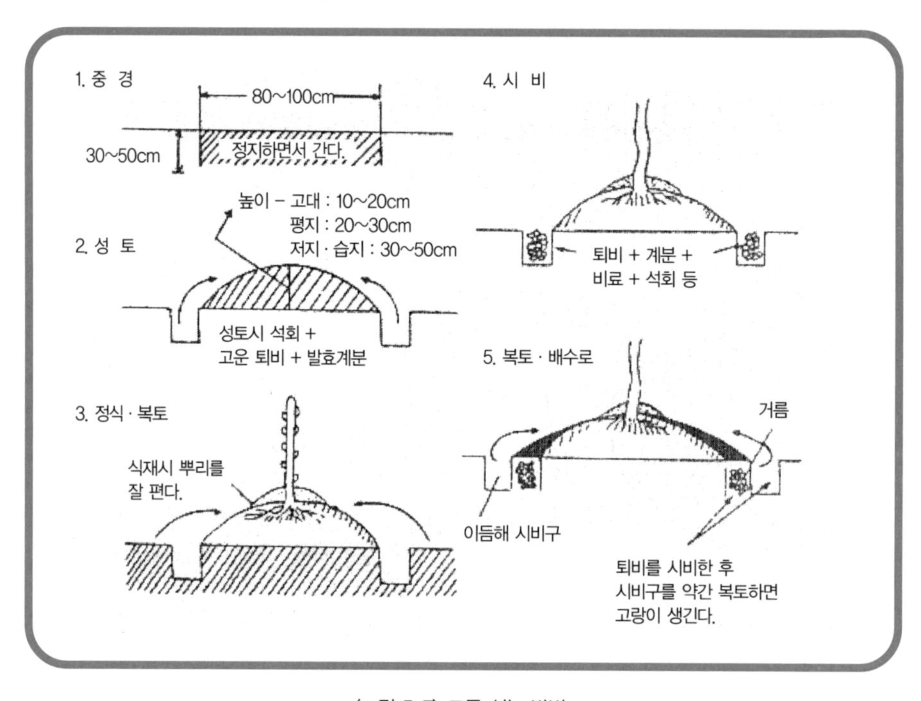

〈그림 5-7〉 묘목 심는 방법

▷ 구덩이 파기

구덩이는 일반적으로 지름 160~170cm 크기로 판 뒤, 하층에는 석회와 거친 유기물을 넣고 상층에는 완숙퇴비, 석회, 용성인비를 흙과 섞어서 구덩이를 메운다. 뿌리가 화학비료와 닿으면 피해를 입으므로 맨 윗부분에는 거름이 섞이지 않게 복토하고 그 위에 심는다.

◆ 식재

▷ 거리

식재거리는 토양조건, 수형, 품종 등에 따라 다르지만 평덕식에서 '⊥'형 수형으로 하는 경우에 5×6m(33주/10a) 간격으로 심는다. 최근에는 과수원 관리가 양호하면 식재거리도 약간 좁아지는 경향이 있기 때문에 식물체 사이의 길이를 좀더 길게 해도 무방하다. 일례로 제주도에서는 식물체간 길이를 8m로 하는 농가도 있다.

그러나 전남 지방의 재식거리는 4×5~5×5m가 전체 농가의 58%를 차지하며 그 이하도 40%를 상회하여 농작업의 생력화에 제한요인이 되고 있다. 뉴질랜드에서는 T자형의 경우 열 생력화의 제한요인이 되고 있다.

뉴질랜드에서 T자형은 열 사이 4.8~5m, 식물체간 길이 5.5~6m로 하고, 덕식은 열 사이 6m, 식물체간 길이 5.5~6m로 한다. 최근에는 조기 다수확을 목적으로 열 내에 두 그루를 심기도 하지만 이 경우 성목이 되어감에 따라 간벌해야 한다.

〈표 5-1〉 전남 지방의 재식거리 현황(해남과시, 1996)

재식거리(m)	3×3~3×4	3×5~4×4	4×5~5×5	5×6~
비　율(%)	13.1	29.0	57.6	0

〈표 5-2〉 토양 종류에 따른 재식거리와 암 · 수나무 본수

구 분	재식거리	10a당 본수	암 · 수 본수		비 고
			암 나 무	수 나 무	
비옥지	10×5	20	18	2	
보통지	6×5	33	29	4	평덕식
척박지	5×4.5	45	39	5	

▷ 방법

뉴질랜드에서는 북북서~남남동 방향으로 재식열을 형성하고 있다. 하지만 재식방향은 포장의 위치와 환경에 따라 햇빛을 최대한 많이 받을 수 있게 한다. 재식 후에는 유목을 30cm쯤에서 절단하고, 절단면의 수분 증발을 막기 위해 톱신페스트를 바른다.

▷ 수분수 비율

참다래는 암수 각각이기 때문에 수분수(受粉樹)를 심어야 한다. 뉴질랜드에서는 전통적으로 1 대 8 비율로 심었으나 수나무 비율이 높을수록 좋기 때문에 1 대 6까지 심기도 한다. 암나무가 수나무를 둘러싸게 심기 전에 구획을 짜는 것이 좋다. 우리나라는 벌에 의존하기보다 인공수분을 주로 하기 때문에 꽃가루 채취는 물론 관리 작업도 용이하게 할 수 있다.

〈표 5-3〉 농가별 수분수(해남과시, 1996)

수나무 비율(%)	5	5~10	11~14	15
농가수(%)	9.9	37.6	46.8	5.7

〈표 5-4〉 인공수분에 필요한 수꽃, 꽃가루 및 증량제(후쿠이, 1983)

품 종	꽃봉오리당			10a당 필요량		
	무게(g)	꽃밥무게(g)	꽃가루무게(g)	꽃봉오리수(개)	꽃가루량(g)	석송자량(g)
마추아	1.153	0.229	0.004412	680	3	30
토무리	1.372	0.332	0.005389	588	3	30

▷ 재식 후 유목 관리

유목은 뿌리가 아직 제대로 활착되지 않은 상태이므로 수분관리에 유의해야 한다. 재식 후 수시로 물을 주고 겨울철에 심은 경우에는 얼지 않게 볏짚 등으로 피복해야 한다. 또 재식 후 2~3년 사이에 동해가 많이 발생하므로 유목의 지제부위를 피복해야 한다.

멀칭은 토양수분을 유지하고 토양의 물리성을 좋게 한다. 또 적당한 양분 공급과 병해충 예방에도 효과적이다. 봄에 생육이 시작되면 신초가 덕 높이에 이를 때까지 곧게 유인한다.

6장

정지 · 전정

06 정지 · 전정

정지 · 전정의 기초이론

과수는 정지 · 전정을 하지 않고 자연 상태로 재배하더라도 과실을 생산할 수는 있지만, 수량, 품질, 해거리, 작업능률 등을 고려하면 각종 과수별 생장특성에 적합한 정지 · 전정을 반드시 실시할 필요가 있다.

정지(整地, training)는 수관을 구성하는 원줄기, 원가지, 덧원가지같이 나무의 골격이 되는 가지를 계획적으로 구성하고 유지하기 위하여 유인 · 절단하는 것이다.

전정(剪定, pruning)은 곁가지, 결과모지, 열매가지같이 과실의 생산에 직접 관계되는 가지를 잘라주는 것을 말한다. 그러나 실제 작업에서는 정지와 전정을 엄밀하게 구분할 수 없는 경우가 많으며, 넓은 의미에서는 정지와 전정을 총괄하여 전정이라 한다.

◆ 수체 각 부위의 명칭과 기능

- 수고(樹高, height) : 지면부터 나무 꼭대기까지의 수직거리를 가리킨다.
- 수관(樹冠, crown) : 지상부의 줄기와 잎 등 나무 전체를 가리킨다.
- 수폭(樹幅, spread) : 수관의 횡경을 가리킨다.
- 간장(幹長, stem length) : 원줄기의 지면에서 최하단 원가지(제1원가지)가 발생한 지점까지의 길이를 가리킨다.
- 원줄기(主幹, trunk) : 나무의 주축으로 여기에서 원가지가 발생한다.
- 원가지(主枝, scaffold, main branch) : 원줄기에 발생한 굵은 가지로서 이 가지에 덧원가지와 곁가지가 착생한다.
- 덧원가지(副主枝, 亞主枝, secondary branch) : 원가지에 발생한 굵은 가지다.
- 곁가지(側枝, lateral branch) : 덧원가지 또는 원가지에 붙은 가지로서 결과모지 또는 열매가지가 착생한다. 2~3년생의 유목이나 왜화 재배에서는 원줄기에 붙은 가지도 곁가지로 부르는 등 넓은 의미로 이용되는 경우가 많다.
- 결과모지(結果母枝, mother branch with fruiting twig) : 열매가지가 붙은 가지다.
- 열매가지(結果枝, fruiting branch) : 과실이 직접 달리는 가지다.
- 새 가지(新梢, shoot), 1년생 가지(twig) : 그 해에 자란 가지로 잎이 달린 상태를 새 가지라 하며, 잎이 떨어진 상태를 1년생 가지라 한다.

◆ 가지의 생장상태에 따른 명칭

- 자람가지(發育枝, vigorous shoot) : 꽃눈이 착생하지 않은 길게 자란 새 가지 또는 1년생 가지다.
- 웃자람가지(徒長枝, water sprout) : 자람가지의 일종으로 세력이 특히 왕성

하다.

- 덧가지(副梢, 2番地, secondary shoot) : 새 가지의 곁눈이 그 해에 가지로 자란 것이다.
- 바퀴살가지(車枝, whorls of branches) : 원줄기 또는 원가지의 같은 위치에서 3개 이상 발생한 가지다.
- 대생지(對生枝) : 같은 위치에서 비슷한 세력으로 자란 2개의 가지다.
- 견제지(牽制枝) : 어떤 가지의 세력을 억제하기 위하여 남겨두는 가지다.

◆ 눈의 명칭

- 잎눈(葉芽, leaf bud) : 발아 후 가지로 자라는 것으로 꽃이 피지 않는다.
- 꽃눈(花芽, flower bud) : 발아 후 꽃이 달리는 것이다.
- 중간눈(中間芽, intermediate bud) : 겉모양이 꽃눈과 비슷하지만 크기가 약간 작고 꽃이 피지 않는 눈으로 조건이 좋으면 꽃눈으로 발달하여 다음 해 꽃을 피운다. 조건이 나쁘면 몇 년 동안 짧게 자라면서 중간눈 상태로 계속 있다.
- 끝눈(頂芽, terminal bud) : 가지의 끝에 있는 눈으로 사과, 배나무 등에서는 꽃눈인 경우가 많고, 자두나무, 양앵두나무 등에서는 반드시 잎눈이다.
- 겨드랑눈(腋芽, axillary bud) : 가지의 잎겨드랑이(葉腋)에 붙은 눈으로 곁눈(側芽, lateral bud)이라고도 한다.
- 숨은눈(潛芽, 隱芽, 休眠芽, latent bud) : 가지의 기부에서 충실하게 발달하지 못하였거나 발아할 조건이 되지 못하여 봄에 발아하지 않고 있는 눈이다.
- 막눈(不定芽, adventitious bud) : 숨은눈과 같은 의미로 이용되는 경우가 많지만, 식물학적으로는 원래 눈이 없는 조직에서 발달한 눈이다.
- 홑눈(單芽, single bud) : 한 마디에 눈이 1개 있는 것이다.

- 겹눈(複芽, compound bud) : 한 마디에 2개 이상의 눈이 있는 것이다.
- 원눈(主芽, main bud) : 한 마디의 가운데에서 충실하게 자란 눈으로 포도나무, 감나무 등에서 볼 수 있다.
- 덧눈(副芽, accessory bud, collateral bud) : 원눈의 양쪽에 붙어 있는 작은 눈으로 원눈이 자라면 숨은눈으로 남거나 약하게 자란다.
- 겨드랑꽃눈(腋花芽, axillary flower bud) : 사과나무와 배나무의 1년생 가지의 겨드랑눈이 꽃눈으로 발달한 것으로 일반적으로 좋은 열매가 달리지 않는다.

◆ 가지의 생장량에 관계되는 요인

▷ 가지의 크기

가지의 크기(무게 또는 표면적)가 클수록 새 가지의 생장량이 많아진다. 같은 크기의 두 가지 중 한쪽을 중간에서 절단하면 절단한 만큼 크기가 감소되므로 새 가지의 생장량도 감소되어 2개의 가지는 세력차이를 나타내게 된다.

▷ 가지의 발생각도

크기가 같은 가지라도 수직방향으로 서 있는 가지에서 새 가지의 생장량이 많고, 기울기가 커질수록 생장량이 감소한다.

▷ 정부우세성(頂部優勢性)

일반적으로 가지의 끝(頂端)에 있는 눈이 가장 왕성하게 생장하고, 끝에서 멀어질수록 생장력이 약해지며, 기부에 있는 눈은 숨은눈이 된다. 가지를 수평상태 또는 그 이하로 휘었을 때는 높은 위치에 있는 눈, 특히 가지 윗면(배면)의 눈이 강하게 자라며, 가지의 밑면(복면)에 있는 눈은 발아하지 못한다. 이러한 성질을 가지의 정부우세성(정아우세성, apical dominance)이라고 한다.

◆ 전정법

▷ 절단전정과 솎음전정

절단전정(切斷剪定, heading back)은 가지의 중간을 절단하여 나무 골격을 튼튼하게 만들거나, 인접한 공간을 새 가지를 여러 개 내서 채우고자 하거나 또는 적당하지 않은 방향으로 자라는 가지를 중간에서 절단하는 것을 말한다. 솎음전정(間拔剪定, thinning out)은 불필요한 가지를 발생한 기부에서 완전히 절단하여 제거하는 것이다.

▷ 잘라올림전정과 잘라내림전정

모지의 등 쪽에서 발생한 가지를 두고 자르는 것이 '잘라올림전정'이고 그 반대가 '잘라내림전정'이다. 잘라올림전정은 자극이 약하고 잘라내림전정은 자극이 강하다.

▷ 단초전정과 장초전정

〈그림 6-1〉 참다래의 장초전정

단초전정과 장초전정은 주로 포도나무 전정에 적용되는 절단전정으로 결과모지를 전정할 때 남겨두는 마디수, 즉 가지의 길이에 따라 분류하는 것이다. 남기는 마디수가 1~3개면 단초전정(短梢剪定), 4~6개면 중초

전정(中梢剪定), 7~10개면 장초전정(長梢剪定)이라 한다.

▷ 갱신전정(更新剪定, renewal pruning)

가지가 오래되어 생산력이 감소될 때 이를 절단하고 세력이 강한 새로운 가지를 이용하기 위하여 묵은 가지를 제거하는 것을 말한다. 정부우세현상으로 결과모지가 원줄기에서 멀어져 착과되는 과실의 품질이 불량할 때도 이용한다.

▷ 큰가지전정(太枝剪定, bulk pruning)

솎음전정의 일종으로 광선투사와 결실성이 낮은 비교적 큰 가지를 발생한 기부에서 완전히 제거하는 것이다.

▷ 잔가지전정(細枝剪定, thin pruning)

생장이 늦고 연약한 가지, 하향한 가지, 결실이 되지 않거나 품질이 불량한 과실을 착생시키는 가지 등을 제거하는 방법이다.

▷ 세부전정(細部剪定, detail pruning)

정해진 원가지나 덧원가지의 선단에서 무성하게 자라 수관 외부에 과다하게 밀생하여 수관 내부에 그늘을 만드는 가지를 제거하는 것이다.

▷ 가지의 세력조절방법

한 나무에서 모든 가지는 주종관계가 되게 키워야 한다. 가지의 세력을 조절하려면 원가지나 덧원가지가 서로 어긋나게 배치하며, 세력을 강하게 키울 가지는 길게 남기고, 약하게 키울 가지는 짧게 남기는 식으로 전정하여 엽면적에 따라 생장이 조절되게 한다.

정부우세성을 고려하여 세력이 약한 가지는 직립되게 키우고, 세력이 강한 가지는 분지각을 넓게 함으로써 가지의 세력을 조절한다.

◆ 전정이 나무의 생리에 미치는 영향

▷ 수체의 생장

전정수에서는 남겨진 가지에 대한 양수분의 공급이 많아지기 때문에 새 가지의 신장이 왕성해진다. 그러나 나무 전체로 보면 무전정수에 비해 새 가지의 수가 감소되기 때문에 새 가지의 총신장량과 엽면적(엽수)이 감소되고, 주간비대량과 근부의 생장도 감소되어 결과적으로 나무 전체의 생장량은 감소된다.

▷ 전정과 꽃눈 형성

전정, 특히 강전정은 나무에 질소비료를 공급하는 것과 같은 영향을 미치므로 C-N율을 저하시켜 유목의 결과연령을 지연시키고, 성목에서도 새 가지의 수가 감소됨에 따라 꽃눈수도 감소된다. 그러나 무전정을 계속하면 수관이 복잡해져 수관 내부에는 꽃눈이 형성되지 않고 나무가 빨리 노쇠하여 경제수령이 단축되는데, 전정을 적절하게 실시함으로써 수관 전체에 꽃눈을 균일하게 착생시키고, 경제수령을 연장시킬 수 있다.

▷ 과실의 품질과 수량

전정은 일반적으로 과실의 크기를 증가시키는 반면 과실수를 감소시킨다. 하지만 노쇠수에서는 과실의 크기뿐만 아니라 수량이 증가하는 경우가 많다. 전정은 수관 전체에 햇볕 투과를 좋게 하므로 착색이 증진되고, 당도가 높아지며, 크기가 균일해진다.

그러나 과도한 강전정은 나뭇가지 생장을 왕성하게 하여 가실의 크기를 작게 하고, 착색을 불량하게 하는 등 도리어 품질을 나쁘게 할 수도 있다.

▷ 내한성에 미치는 영향

전정은 수체의 내한성을 악화시키는 경향이 있는데, 강전정은 가지의 생장정지가 늦어져 동해 염려가 있고, 휴면기 중 추위가 심한 지역에서는 절단면에 인접한 수피나 눈이 동해를 받기 쉽다. 그러므로 동해 위험이 있는 지역에서는 강추위가 지난 다음에 전정하거나, 추위에 강한 종류나 품종부터 먼저 전정하고 약한 것은 뒤로 미루는 것이 좋다.

◆ 전정 이외의 기술

▷ 순지르기(적심, 摘心, pinching)

새 가지의 끝이 목질화되기 전에 잘라주는 것이다. 포도나무같이 새 가지의 생장을 일시적으로 억제하여 착과율을 높이거나 착생한 과실의 발육을 촉진하는 것이 목적인 경우가 많다.

▷ 휘기(언곡, 偃曲, bending)

가지를 수평 또는 그보다 더 아래로 휘어 생장을 억제하고 정부우세성을 이동시켜 기부에서 가지가 발생하게 하는 것을 말한다.

▷ 환상박피(環狀剝皮, ringing, girdling)

세력이 왕성하고 결실이 늦은 경우에 꽃눈 형성을 증가시키기 위하여 화아분화가 개시되기 3~5주 전에 수피를 3~10mm 높이의 환상으로 벗기는 것을

〈그림 6-2〉 참다래나무의 환상박피

말한다. 이로써 환상박피한 상부에서 생성된 동화양분이 껍질부를 통하여 내려가지 못하므로 화아분화가 촉진되고, 과실의 발육과 성숙이 촉진된다. 그러나 뿌리의 영양공급이 억제되므로 지나치게 해서는 안 된다.

▷ 박피역접(剝皮逆接, bark inversion)

왜화와 조기 결실을 목적으로 나무의 원줄기를 지상 10~20cm 높이에서 5cm 정도로 환상박피를 하되 껍질을 전부 벗기지 않고 20%쯤 남겨 그 자리에 벗긴 수피의 상하방향을 거꾸로 접착하는 것이다.

▷ 단근

동해, 토양 내 과다수분, 심경작업, 토양 내 서식하는 쥐 등에 의하여 뿌리가 상처를 입거나 묘목 이식작업 중에 단근(斷根, root pruning)되는 경우도 있다. 그러나 인위적으로 뿌리를 전정하기도 한다. 즉 근군을 감소시켜 토양 내 영양 · 수분 흡수를 제한하여 지상부의 영양생장을 억제함으로써 화아분화를 촉진하여 생식생장을 일으키게 한다.

참다래의 정지 · 전정

◆ 결과습성

참다래의 결과습성은 전년에 발생한 가지에서 꽃눈이 분화되어야 하며 올해 새순이 나오면서 신초 기부의 2~7마디에 결실하게 된다. 1엽액에 1과경이 착생되어 그 선단에 1과가 결실되나 꽃눈분화가 양호한 경우에는 과경의 양측에 측화가 착생된다.

금년에 착생된 엽액에는 생장점이 없어 다음 해에는 발아되지 않는다. 그러므로 올해 결실된 열매가지는 동계 전정시에 결실되었던 부위보다 앞쪽의 눈을 남겨두지 않으면 결실되지 않는다.

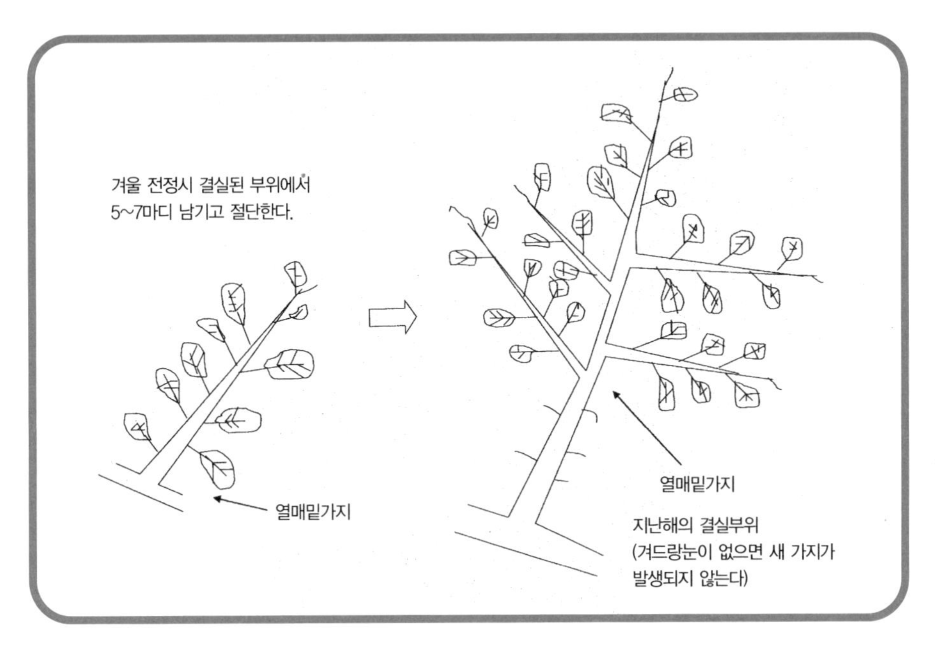

〈그림 6-3〉 참다래의 결과습성

성목기에 이르면 꽃눈착생이 용이해져 올해 결실되지 않았던 발육지는 물론 결실되었던 열매가지에서도 다음 해에 꽃눈착생이 양호해진다. 이러한 습성은 품종에 따라 차이가 있다. 헤이워드 품종은 특히 꽃눈의 착생이 다소 불량하게 결실되었던 가지보다 지난해의 발육지에서 꽃눈의 착생이 양호하다.

▷ 꽃눈분화

참다래는 신초의 생장이 정지된 이후 7월경부터 꽃눈의 원기가 형성되어 겨울까지 그 수가 증가하고 비대되지만, 꽃눈분화는 3월 중순부터 인정할 수 있다. 그 후 5월 중순까지 꽃잎 등의 화기가 형성되어 5월 하순에 꽃이 핀다. 꽃눈분화에 영향을 미치는 주요 요인은 다음과 같다.

- 영양 : 일반적으로 질소질 비료가 지나치면 꽃눈형성을 방해하는 경우가 많다. 즉 탄수화물과 질소의 관계(C/N율)가 식물의 생장과 결실 및 꽃눈형성에 영향을 미친다(〈표 6-1〉).
- 일조 : 탄수화물을 만들어내는 원동력으로 절대적인 요인이다.
- 온도 : 25~30° C에서 탄수화물의 합성이 촉진된다.
- 기타 : 이산화탄소, 물, 토양 등의 요인도 꽃눈분화에 영향을 미친다.

〈표 6-1〉 탄수화물과 질소(C/N)의 관계설

질 소	탄수화물	가지, 잎	꽃 눈	비 고
과 다	결 핍	생장저하	형성 안 됨	제1설
과 다	조금 결핍	생장왕성	형성이 안 되거나 착과 못함	제2설
적 당	공급증가	정상생장	형성 많고 결실 증가	제3설
결 핍	공급증가	생장저하	형성 잘되나 착생 불가	제4설

◆ 수형구성

▷ 수형

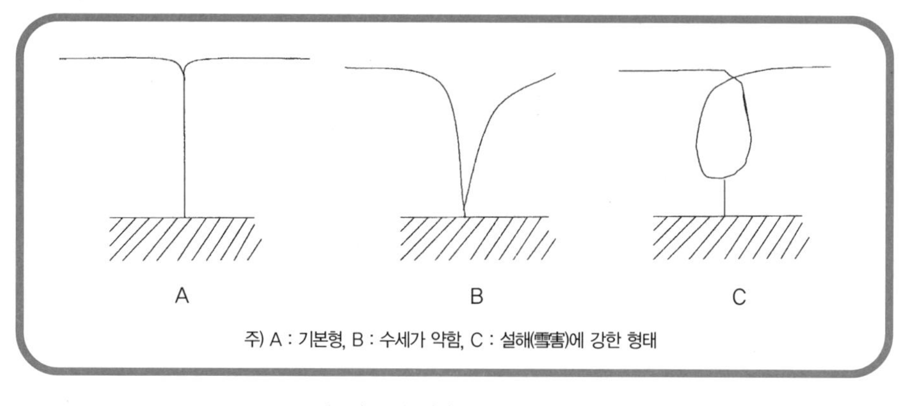

주) A : 기본형, B : 수세가 약함, C : 설해(雪害)에 강한 형태

〈그림 6-4〉 일자 정지의 세 가지

기본수형은 〈그림 6-4〉와 같이 '一' 자형으로서 덕의 철선 아래 30cm 부근에서 원줄기를 2개로 나누어 '一' 자형으로 벌려놓는 수형이다.

▷ 묘목에서 성목까지의 수형관리

일자형 수형의 묘목에서 성목까지의 수형관리는 〈그림 6-5〉와 같이 한다.

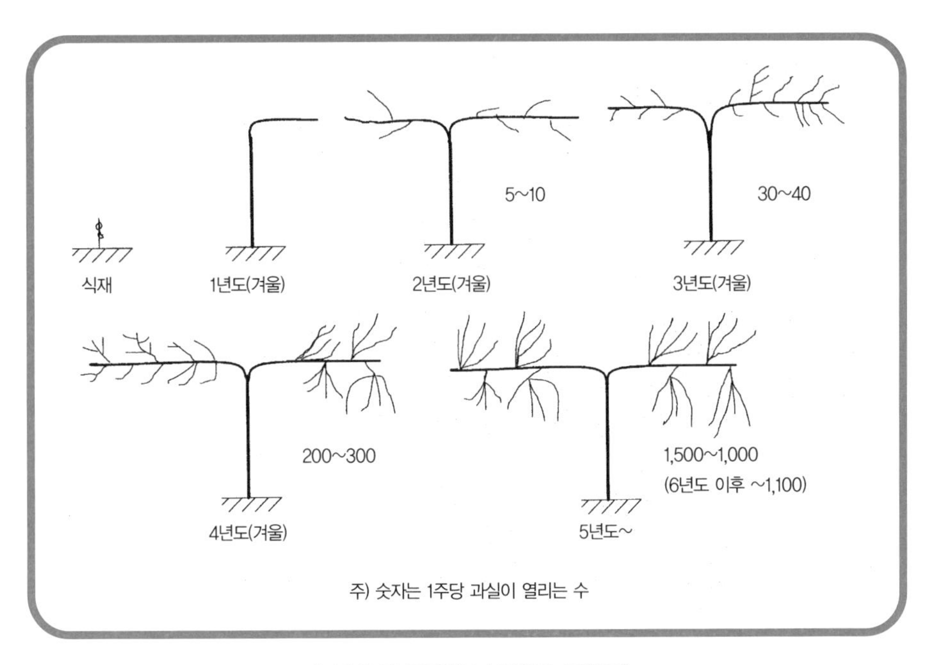

〈그림 6-5〉 묘목에서 성목까지 수형관리

▷ 수형에서 가지의 배치

- 가지의 배치는 〈그림 6-6〉과 같이 1개의 주지에 4개의 부주지, 1개의 부주지에 4개의 결과모지, 1개의 결과모지에 10개의 결과지를 확보한다.
- 주지의 길이는 240~260cm로 한다.
- 부주지는 50cm 간격으로 좌우로 배치하며 부주지의 길이는 30~40cm에서 절단하여 결과지를 확보한다.

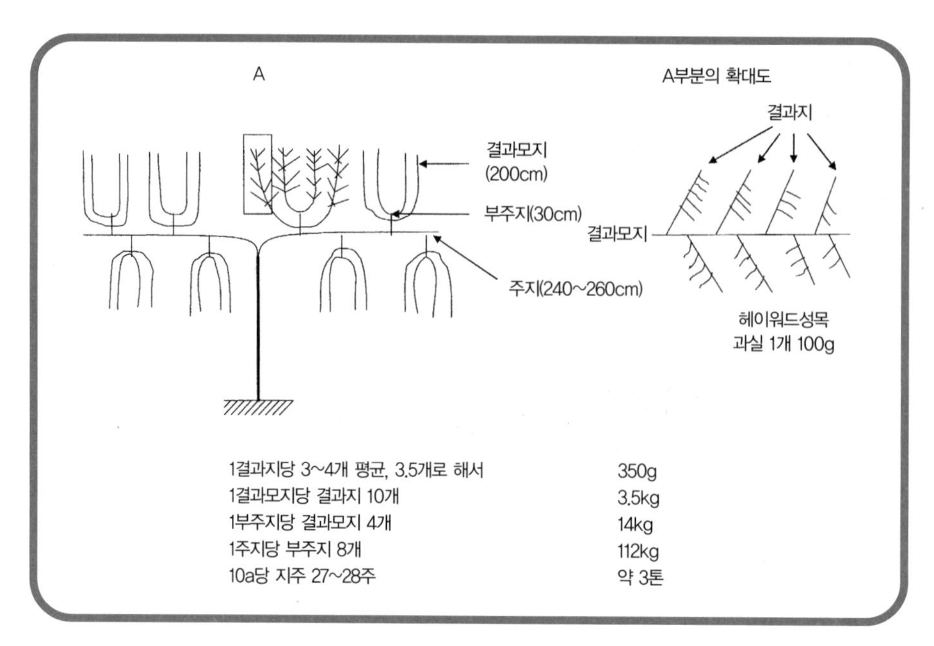

〈그림 6-6〉 결과모지의 결과지 배치(헤이워드 기준)

◆ 전정

전정은 불필요한 영양 소모를 막고 고품질 과수를 생산하기 위해서 실시하는데, 무엇보다 중요한 것은 수세를 유지하여 해거리를 방지하고 안정적 수량을 확보하는 데 목적을 두어야 한다.

▷ 동계전정

① 전정 시기 : 낙엽 진 후 2주쯤 경과하여 탄수화물이 뿌리로 전류를 끝낸 시기부터 시작하는데, 일반적으로 12월 중순에서 2월 상순까지 전정을 마치는 것이 좋다.

② 결과모지 선정 : 양호한 결과모지는 충실하고 눈이 크며 중간 정도의 세력을 가진 몸가지로 기부지름 1.5~2cm, 길이 100~150cm가 적당하다. 결

과모지는 일반적으로 5~7마디 사용하며 전년에 사용했던 결과모지는 결과눈에서 선단부 쪽의 눈을 남겨놓지 않으면 결실되지 않는다.

〈표 6-2〉 결과모지의 종류

종 류	마 디 수	길 이
단 과 지	4눈 이하	60cm 이하
중 과 지	4~6눈	60~100cm
장 과 지	6~10눈	100~150cm
발 육 지	11~17눈	150cm 이상

③ 결과모지의 갱신 : 참다래는 1개의 결과모지에 여러 개의 결과지가 발생하고, 그 결과지는 매년 1단계씩 진전되어 주간에서 멀어져 양분 공급이 원활하지 못하게 된다. 이를 갱신하기 위해서는 양호한 발육지로 예비지를 확보하여 2~3년 경과된 결과지를 갱신해야 한다(〈그림 6-7〉).

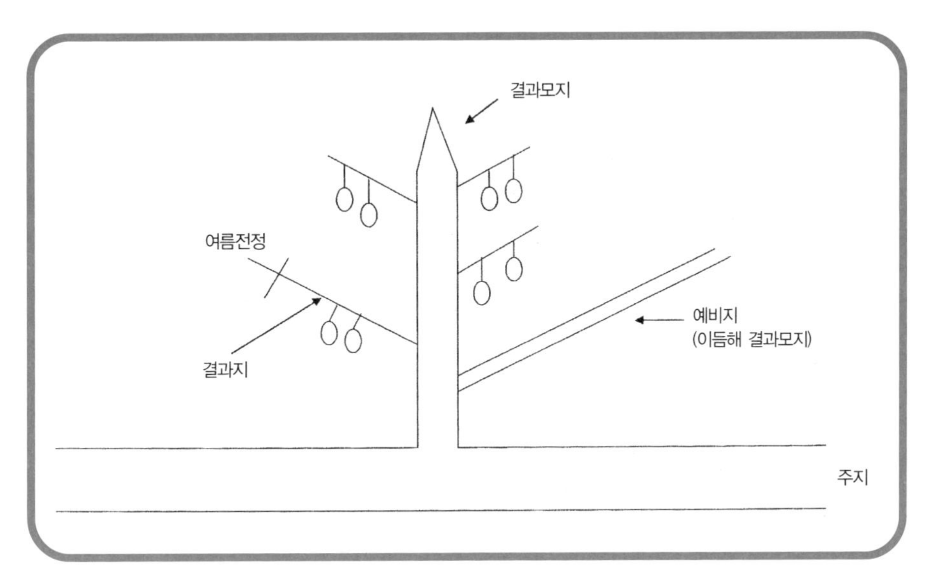

〈그림 6-7〉 현행 결과모지 갱신방법

그러나 〈그림 6-7〉에 나타난 현행 결과모지 갱신방법을 개선하여 당해 결과지를 내년 결과모지로 활용하고 3년째에 예비지를 확보하는 개선방법이 일부 농가에서 시행되는데 반응이 긍정적이다.

▷ 하계전정

① 의의 : 하계전정은 잎에 햇빛이 고루 들게 하여 탄수화물의 축적량을 늘리고 열매의 비대 및 상품을 좋게 하여 병충해 발생을 억제하며 포장관리를 손쉽게 하는 데 있다. 넓은 의미의 하계전정은 눈이 발아된 시기부터 늦여름까지의 눈따기(적뢰), 적심, 유인을 포함한 여름철 관리를 말한다.

② 하계전정 대상 가지

- 꼬인 가는 가지
- 미결과지로서 결과모지로 사용하기에 부적합한 가지
- 주간에서 30cm 이내에 나온 직립지나 도장지
- 너무 무성한 경우 결과지라도 사용하지 않을 가지
- 7월 이후 발생한 가지(단, 공간 확보 차원에서 남겨둔다)
- 결과모지의 맨 끝에 나온 자가 순멎이인 단 · 중과지를 제외하고 열매 이후부터 발생한 가지

③ 방법 : 과다한 하계전정은 재식거리의 불합리, 과도한 동계전정, 시비과다 및 결실불량 등에서 기인한다. 눈따기는 주간상이나 주지 분기부 부근의 눈, 직상아, 과밀하여 도장하기 쉬운 눈을 대상으로 하고 4~5월에 실시하되 빠를수록 좋다. 적심은 5월 중순에서 8월까지 수시로 하는 것이 좋으나 최소한 연 3회 정도는 실시해야 한다. 열매가지는 최종결실 후부터 7~8눈을 남기고 적시하여 발육지로 선단 감기가 시작되는 부위부터 2~3mm 앞을 잘라준다. 가지유인은 5월 상순에서 8월 중순경에 실시한다. 우리나라에서는 신초가 10cm 이상 자라는 5월에 강한 바람이 한 차례 부는데, 이

시기가 되기 전에 가지를 묶거나 방풍대책을 세우는 것이 바람직하다.

〈표 6-3〉 참다래 수형에 따른 동계전정 방법

동계전정	수 형	장 소	방 법
♀	X	노지	• 주간 중심부 역지 및 강한 세력지 제거 • X자 이외의 부주지 절단 제거 • 충실한 눈을 가진 장 · 단 · 중과지 배치 • 수량감소 첫해
		시설	• 가능하면 첫해 '一눈자' 수형 유도
	一	노지	• 주간이나 중심부의 역지 및 강한 세력지 제거 • 중 · 장과지 배치로 인한 계절풍을 피해 단 · 중과지 배치 유도 • 단과지 중심의 H형 유도
		시설	• 주지에서 발생한 중과지, 장과지 중심배치 H자 수형 유도
	H	노지	• 주지 및 부주지를 고정하고 단과지(30~60cm) 중심 배치
		시설	• 주지 및 부주지를 고정하고 중과지(60~100cm) 및 장고지(100~150cm) 배치
♂	X · 一	노지	• 꽃이 진 후 실시하고 암주와 세력이 맞서지 않게 하며 세력지를 비롯하여 강한 도장지 제거
		시설	• 일반적으로 인공수분이 요구되나 적정 주수를 확보하는 것이 생산에 바람직

※ 전정할 때 주의사항

1. 전정은 낙엽 후 12월 말까지 작업 완료하고 강전정 주의
2. 꼬인 가지 제거시 다른 충실한 가지에 피해를 주지 않게 주의
3. 절단 부위에는 도포제를 발라주어야 함

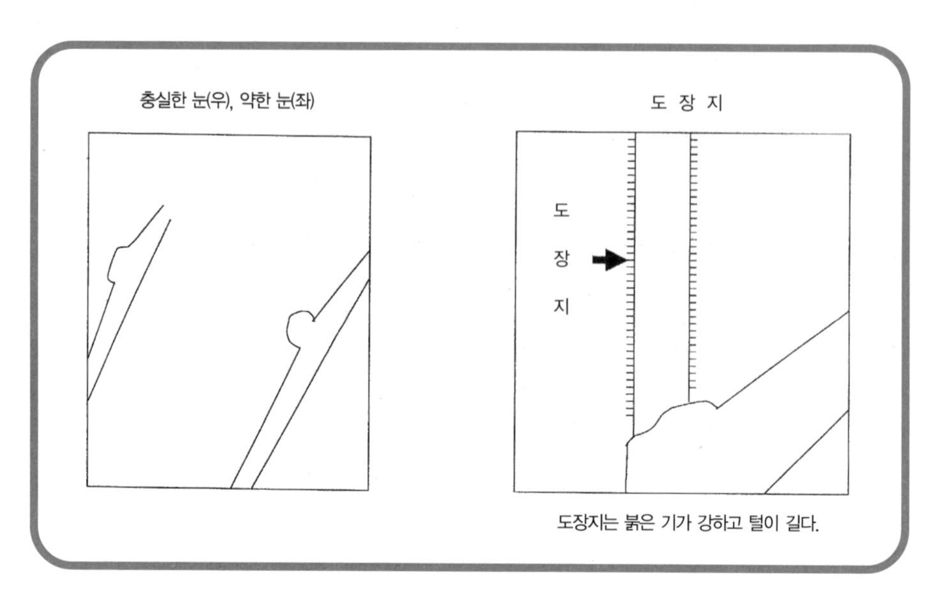

〈그림 6-8〉 결과모지의 생장과 진단

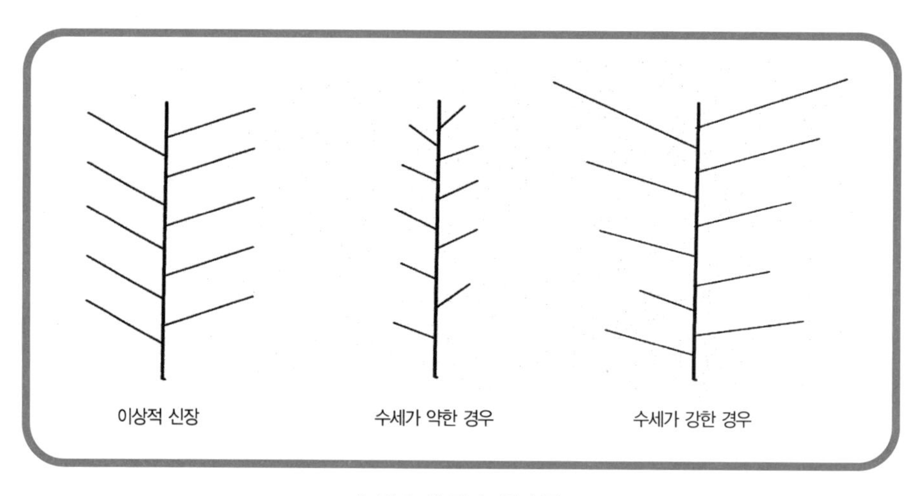

〈그림 6-9〉 결과지의 신장

7장

수체생장과 결실관리

07 수체생장과 결실관리

꽃눈분화

낙엽과수는 대부분 6월경 새 가지의 신장이 정지된 후 1개월 정도, 즉 7~8월에 꽃눈이 형태적으로 분화되고 겨울 동안 화기(花器)가 형성되어 다음 해 봄에 개화한다.

그러나 참다래는 낙엽과수이지만 여름에 화기의 원기(原基)가 형성되어 겨울 동안 그 수가 증가하고 비대해지며, 형태적인 꽃눈분화를 인정할 수 있는 시기는 3월 중순이다.

그 후 5월 중순까지 단기간에 꽃잎 등의 화기가 급속히 형성되어 상록과수인 감귤의 꽃눈분화 양상과 비슷한 특징을 나타낸다. 감귤은 여름에서 가을까지는 화성물질(花成物質)의 축적기이며 저온기를 지나 봄에 온도가 상승함에 따라 생장점의 세포분열 개시와 동시에 형태적인 꽃눈분화가 된다.

개화

참다래는 암수딴그루로서 암꽃은 암꽃품종의 열매가지(結果枝) 기부 3~4마디에서 6~7마디까지의 엽액(葉腋)에 착생되어 개화하고, 수꽃은 수꽃품종의 가지(着花新梢) 기부에서 1~9마디의 엽액에 착생되어 개화한다. 출뢰(出蕾)에서 꽃봉오리(花蕾)기간은 암꽃은 33~37일, 수꽃은 30일 전후다.

개화기는 해에 따라 차이가 있으나 대개 5월 25일 전후에 시작되어 5월말경에 거의 종료된다.

개화 시간은 암꽃과 수꽃 모두 오전 4~8시에 집중되는데, 주로 7~8시 개화가 가장 많으며 8시 이후 개화는 매우 적다. 꽃밥(葯)의 열개(烈開)는 비교적 맑은 날에는 오전 8시 전후에 가장 많다.

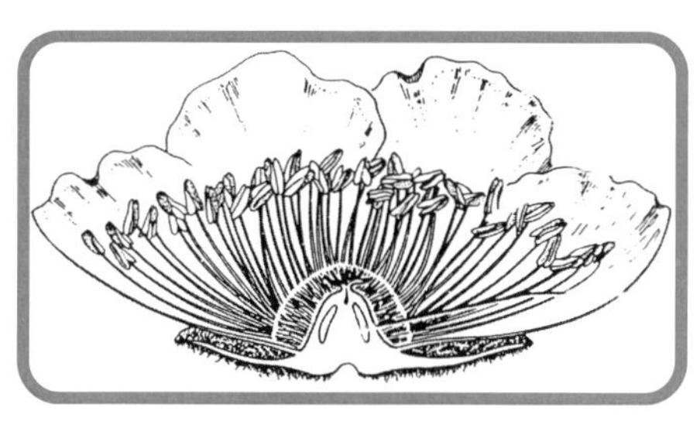

【참다래 수꽃】

【참다래 암꽃】

〈그림 7-1〉 참다래의 화기

수분과 수정

참다래는 충매로 수분되며 풍매에 의한 수분은 거의 이루어지지 않는다. 또 단위결과(單爲結果)가 되지 않으며 생장조정물질에 의한 단위결과의 유기도 곤란하다. 암꽃품종의 개화기간은 대개 7~9일이나 수정이 잘 되는 기간은 개화 후 4~5일간이다.

수꽃품종은 암꽃품종에 비하여 개화의 개시가 2~3일 빠르고, 종료는 2~3일 늦어 개화기간이 긴 편이나 수분에 알맞은 꽃가루는 개화 후 2~3일 이내의 것이고, 그 이후의 꽃가루는 활성이 떨어져 수분에 좋지 않다.

참다래 과실 내의 종자수는 과실무게, 당도 및 과실형태와 밀접한 관계가 있다. 충분히 수분된 큰 과실은 종자수가 1,000~1,400개이며, 수분이 불충분해 생긴 작은 과실은 종자수가 50~100개다. 따라서 크고 품질이 좋은 과실을 생산하려면 수분수(수나무)를 충분히 혼식하여야 하며, 수분수가 부족한 과원에는 수분수를 높이접(高煉)을 하거나 적극적인 방법으로 인공수분을 실시하는 것이 좋다.

수나무를 고접하는 경우에는 수나무의 수세가 너무 강하여 암나무를 약화시킬 우려가 있으므로 전정관리를 철저히 하여 수세를 유지해야 한다. 근래에는 인공수분의 필요성이 충분히 인식되었는데, 포장을 고려하여 한쪽에 별도의 수나무 포장을 조성하여 비가림재배 등으로 조기에 화분을 채취하는 것이 노력분산과 기상재해 극복차원에서 유리하다.

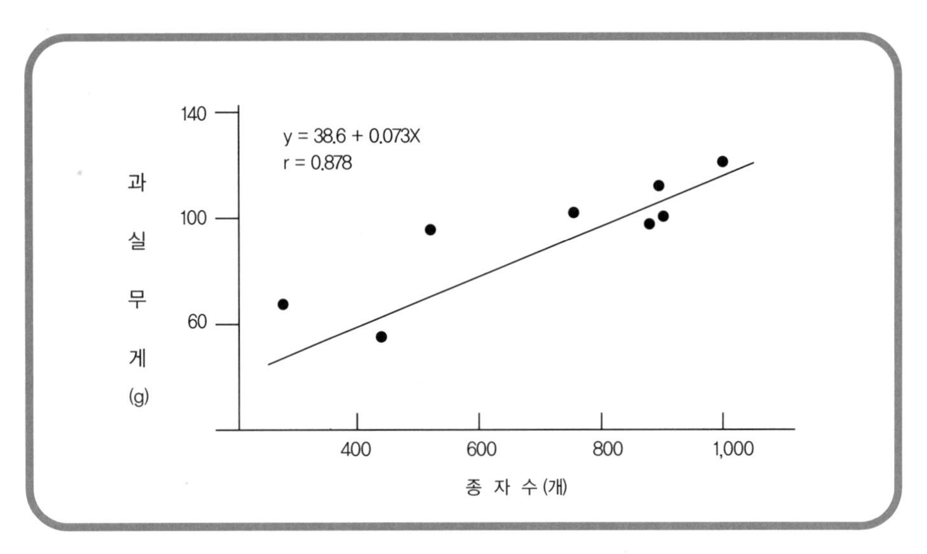

〈그림 7-2〉 참다래의 종자수와 과실무게의 관계

◆ 자연수분

참다래의 자연수분(自然受粉)은 곤충에 의해 이루어지므로 개화기에는 꽃을 찾는 방화곤충(訪花昆蟲)의 활동이 활발하도록 농약살포를 피해야 한다. 또 강풍은 꿀벌의 활동을 방해하므로 방풍 대책을 강구하는 것이 좋다.

참다래의 꽃은 개화기가 비슷한 클로버 꽃이나 감귤 꽃에 비하여 향기가 적으므로 주위에 이러한 꽃들이 많으면 참다래 과원에 날아오는 꿀벌의 수가 적어져 꽃가루받이가 매우 불량해진다. 따라서 참다래 꽃과 개화기가 경합되는 클로버 꽃, 아카시아 꽃 등은 철저히 제거하는 것이 좋다.

상품과실의 생산 비율을 높이기 위해 개화기에 꿀벌을 방사할 경우 기후가 순조롭고 농약을 살포하지 않은 상태에서는 헥타르당 3~4통이면 양호한 결실을 얻을 수 있다. 꿀벌의 방화활동은 아침에 많은데 이때 꽃가루는 습기를 지니고 있어 꿀벌들이 채집하기에 용이하다.

일반적으로 암꽃에 비하여 수꽃에 방화횟수가 많다. 주위에 감귤 농장이 있어 참다래 꽃에 찾아드는 꿀벌 수가 적으면 인공수분을 병행해야 안정되게 생산할 수 있다.

◆ 인공수분

▷ 꽃가루의 특징과 성장, 발육

- 식물에도 암수가 있어 동물처럼 암수가 만나 종자를 맺는다.
- 꽃은 식물의 생식기관으로, 꽃 속의 꽃가루에는 웅성의 유전형질이 들어 있다.
- 꽃가루는 꽃 수술의 약(꽃밥)에서 만들어지며, 꽃이 피면 식물모체에서 분리 · 독립되어 생활한다.
- 꽃가루는 호흡을 하고 발아 · 성장하다 결국에는 죽는다.

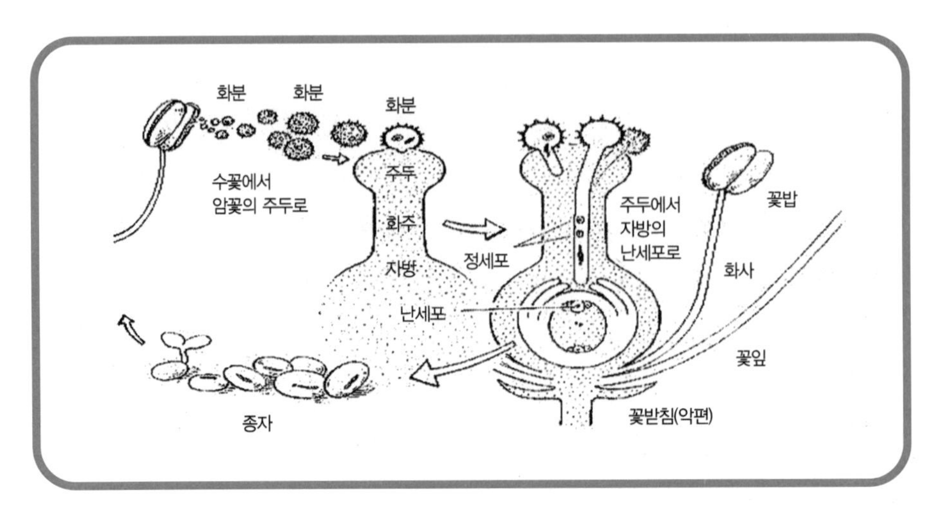

〈그림 7-3〉 꽃가루에서 종자형성까지의 과정

▷ 꽃가루의 수분 흡수와 발아

- 꽃가루는 보통 탈수상태로 수축되어 있어 암술이나 배지에 두면 물을 흡수한다.
- 물을 흡수하면 꽃가루의 세포막 기능이 불완전해져 당, 아미노산, 효소 등의 물질이 외부로 유출되고 외부에서 고분자 물질이 들어온다.
- 세포막 기능이 회복되면 물은 자유롭게 통과하지만 다른 물질은 막을 통과하기 어려워 내부에 압력이 생기며, 꽃가루관을 신장시킨다.
- 꽃가루가 꽃가루관을 신장하기 시작하면 발아한다.
- 흡수에서 발아까지 걸리는 시간은 식물에 따라 다르나 보통 20~40분이며 빠른 것은 2분, 늦은 것은 20시간까지도 걸린다.

▷ 꽃가루의 성장촉진과 저해 요인

- 꽃가루는 암술머리뿐만 아니라 다른 조건에서도 화분관이 신장된다.
- 자당, 설탕 10%, 한천 1%의 배지에서 화분관이 신장된다.

- 참다래는 꽃가루의 분포가 밀집되면 발아 및 화분관 신장이 좋다.
- 꽃가루 성장촉진 물질에는 붕소, 칼슘, 자당, 비타민 B_1, B_6, 아미노산이 있다.
- 꽃가루 발아에 광은 거의 영향을 미치지 않는다(시클라멘).
- 꽃가루의 성장 최적온도는 대개 20~30℃이며, 35℃ 이상이나 10℃ 이하에서는 꽃가루의 발아, 신장이 나쁘다. 그러나 겨울에 꽃이 피는 동백의 꽃가루는 5℃ 이하에서도 화분관 신장이 이루어진다.
- 꽃가루는 암술머리의 종류에 따라 성장이 저해되거나 촉진되는데, 이는 암술에서 꽃가루의 성장을 지배하는 물질이 나오기 때문이다.
- 꽃가루의 성장은 공기 중 휘발물질의 영향을 받는다.

◆ 참다래의 인공수분

▷ 인공수분의 필요성

- 참다래는 암꽃과 수꽃이 다른 나무에 맺힌다.
- 바람에 의한 수분은 거의 되지 않는다.
- 벌이나 방화곤충에 의한 수분도 열악한 상황이다.
- 비가림이나 파풍망 시설에서는 인공수분이 필수적이다.

〈표 7-1〉 인공수분 유무가 과실 무게에 미치는 영향

수분 방법	인공수분	바람에 의한 방임수분
과실 무게(g)	108~119	61~66

▷ 참다래 꽃가루 채취 및 인공수분 요령

① 수꽃 채취

- 개화 직전 팝콘처럼 부푼 것, 꽃잎이 반 정도 전개된 꽃, 당일 개화된 꽃을 채집하는 것이 화분량이 많으며 발아율도 좋다.
- 석양 무렵이나 다음 날 아침 개화 전의 꽃을 채집하며, 꽃봉오리는 아침 일찍 채취하는 것이 좋다.
- 꽃가루의 소요량은 1ha당 10~20g(증량제 혼합비에 따라 다름)이다.

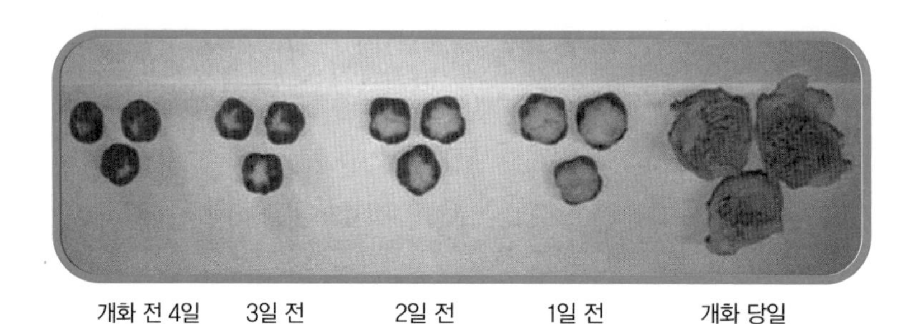

〈그림 7-4〉 개화 전 일자별 참다래 꽃(뢰)의 열개 정도

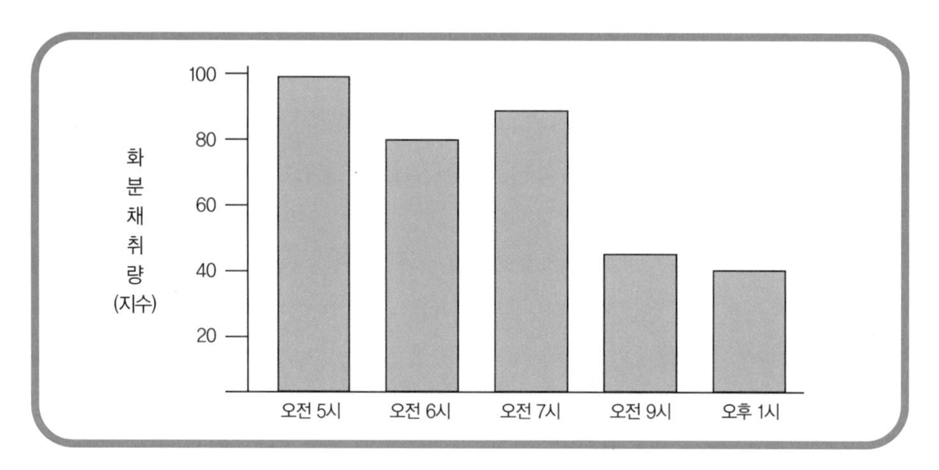

〈그림 7-5〉 수꽃 채취시간에 따른 화분채취량

② 약(꽃밥) 채취

- 약은 전동식 채취기를 이용하여 채취한다.
- 체로 걸러서 수술대와 꽃잎 등의 찌꺼기를 제거한다.
- 약 채취기가 없으면 구멍이 성긴 체를 거꾸로 놓고 비벼서 채취한다.
- 비를 맞았거나 수분이 많은 꽃은 물기를 말린 후 채취한다.

【꽃가루 채취기】

【개약기】

〈그림 7-6〉 꽃가루 채취 기구

③ 약의 건조(개약)

- 꽃밥 개약의 소요시간은 보통 15~24시간이다.
- 개약 방법은 채취된 약을 검은 종이에 얇게 펴서 하룻밤 동안 25~28℃를 유지한다. 이때 30℃ 이상에서는 발아율이 저하되므로 주의한다. 개약기가 없을 때는 꽃밥을 신문지에 얇게 깔아 따뜻한 방에서 하룻밤 동안 둔다.

④ 꽃가루의 채취(꽃가루 정선)

- 건조된 꽃밥을 바람이 없는 곳에서 100~150메시 체로 정선(정선기 가능)한다.
- 10~20g의 소량 단위로 밀봉하여 냉동실에 보관한다.

- 증량제와 혼합된 꽃가루는 상온에서 활력이 더 떨어진다.
- 저온과 고온의 온도변화는 활력에 악영향을 준다.
- 하루 단위로 필요할 때마다 증량제와 혼합하여 사용한다.

⑤ 꽃가루의 저장

- 암꽃의 개화가 늦어지는 경우에는 꽃가루의 저장이 필요하다.
- 실온에서는 5~7일 저장할 수 있다.
- 5℃ 이하의 냉장실에서는 10일 이상에서 몇 개월까지도 발아능력을 유지한다.
- 냉동실에서 보관하면 꽃가루의 활력이 높고 3~4년 동안 보존할 수 있다.
- 저온, 건조 상태에서 보존하는 것이 좋다.
- 저장 꽃가루는 도중에 습기를 갖게 되면 활력이 현저히 떨어진다.

〈표 7-2〉 저장화분의 종류와 과실품질

구 분		과 중(g)	과실경도(kg)	당 도(%)	구연산(g/100mL)
냉장	원화분	74.6	1.12	16.0	0.80
	희석화분	31.7	1.02	15.6	0.81
냉동	원화분	95.9	1.12	16.8	0.65
	희석화분	65.2	1.16	16.1	0.74
신선	원화분	99.4	1.08	16.6	0.68
	희석화분	99.7	1.20	16.6	0.51

⑥ 참다래 꽃가루와 증량제의 혼합

- 참다래를 수분할 때 증량제로 사용할 수 있는 것은 석송자를 비롯해 송홧가루, 측백나무, 삼나무, 오리나무 꽃가루 등 다양하며, 염색된 것이나 소나무숯, 참나무숯, 대나무숯 등의 숯가루와 수정박사 등의 조제 증량제를

사용할 수 있다.

- 증량제는 꽃가루와 크기, 무게가 비슷해야 한다.
- 혼합시 고르게 분포할 수 있게 충분히 섞어야 한다.
- 혼합비율은 20배까지도 가능하지만 최근에는 5~10배로 사용한다.

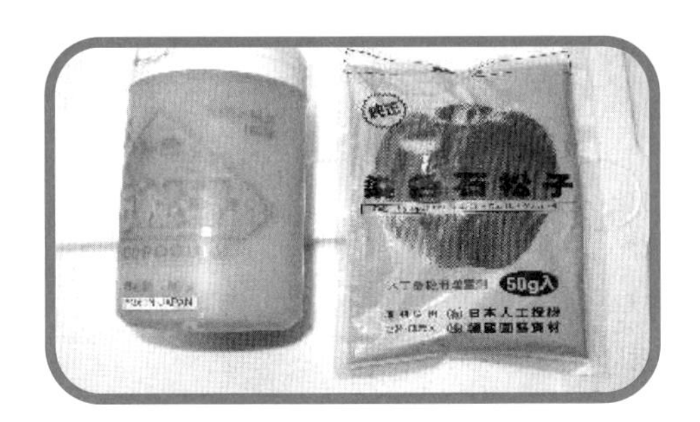

〈그림 7-7〉 석송자

⑦ 인공수분 작업

- 개화 당일의 수꽃을 암꽃에 묻혀주는데, 수꽃 하나로 암꽃 5~10개에 묻힐 수 있다.
- 암꽃의 개화 당일을 포함하여 4일 이내에 행해야 한다.
- 25~30℃에서 3~4시간이면 꽃가루 크기의 2~3배 길이로 신장한다.
- 하루가 지나면 1mm 정도까지 자란다.
- 꽃가루가 자방까지 들어가는 데는 3~4일 소요된다.
- 기온이 낮으면 시간이 더 오래 걸린다.
- 30℃ 이상에서는 초기발아가 빠르나 정상적인 화분관 신장이 어렵다.
- 시설재배인 경우 고온이 되지 않게 주의(35℃ 이상은 곤란)한다.
- 발아에 적당한 온도가 바로 그 작물의 개화에 적당한 온도가 된다.

〈표 7-3〉 참다래 암꽃의 개화 후 경과일수와 결실률(후쿠이 등, 1979)

수분시기	결실률(%)	과중(g)	당도(%)	종자수(립)
개화 당일	100	69.5	11.8	612.6
개화 후 1일	100	75.9	11.8	658.2
개화 후 2일	100	73.9	11.7	592.4
개화 후 3일	90	70.1	11.3	592.9
개화 후 4일	80	67.6	11.8	559.6
개화 후 5일	0	-	-	-
개화 후 6일	0	-	-	-

▷ 참다래 인공수분용 가루형 화분 증량제

① 수목류의 꽃가루

- 소나무, 삼나무, 측백나무, 오리나무 꽃가루를 사용할 수 있다.
- 개화가 시작되어 꽃가루가 바람에 날리기 시작할 무렵에 채취한다.
- 화총을 따서 25℃ 정도의 따뜻한 곳에서 하룻밤 건조한다.
- 약이 터지면 화총을 100~150메시 체로 거른다.
- 플라스틱 용기에 밀봉하여 서늘한 곳에 보관한다. 다음 해에도 사용이 가능하다.

〈표 7-4〉 암술머리수의 조절이 과실 품질에 미치는 영향

암술머리수	과실무게(g)	종횡비(종횡)	횡단면 종자수			
			꼭지부분	중 앙	자루 쪽	평 균
0	47.5	0.92	7.8	4.0	0.6	4.1
1	75.5	1.09	12.8	12.0	2.5	9.1
3	86.6	1.15	11.5	16.1	7.1	12.8
5	104.8	1.23	15.8	25.6	11.5	17.6
10	116.2	1.22	16.5	23.9	16.2	18.9
20	114.4	1.29	15.4	22.0	23.3	20.0
40	120.5	1.27	17.8	24.9	21.8	21.5

〈표 7-5〉 화분 증량제별 채취량 및 채취 소요시간

증량제 종류	채 취 일	채 취 량		100g 채취시간(분)
		생화총당(g/kg)	시간당(g/시간)	
소나무 꽃가루	4.15	77.4	77.2	87
삼나무 꽃가루	2.27	54.2	56.9	105
측백 꽃가루	2.27	88.8	50.9	118
오리나무 꽃가루	3.12	49.4	66.0	91

〈표 7-6〉 화분 증량제 크기 및 참다래 꽃가루 발아율

증량제 종류	크 기(㎛)	비 중(g/mL)	꽃가루 발아율(%)
소나무 꽃가루	49.4 a	0.32 d	84.1 a
삼나무 꽃가루	32.0 b	0.69 a	81.8 b
측백 꽃가루	33.5 b	0.60 b	73.4 c
오리나무 꽃가루	34.1 b	0.58 b	76.4 c
석송자(대비)	35.4 b	0.36 c	66.8 d
참다래 꽃가루	34.8 b	0.57 b	78.8 c

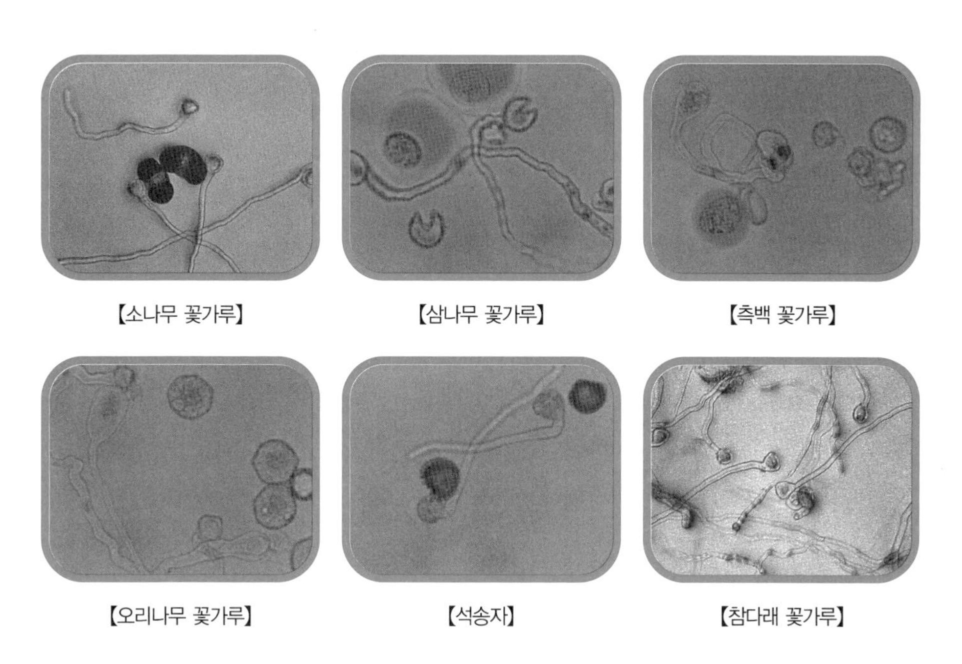

【소나무 꽃가루】 【삼나무 꽃가루】 【측백 꽃가루】

【오리나무 꽃가루】 【석송자】 【참다래 꽃가루】

〈그림 7-8〉 증량제 혼합 후 배지상 참다래 꽃가루의 발아상황

〈표 7-7〉 수목류 꽃가루를 화분 증량제로 이용한 경우 참다래 과실특성 및 수량

증량제 종류	착과율(%)	평균과중(g)	당도(°Brix)	상품과율(%)	수량(kg/10a)
소나무 꽃가루	93.9	105.8 a	13.4 a	95.5	2,645
삼나무 꽃가루	93.0	102.6 a	13.4 a	91.7	2,565
측백 꽃가루	92.9	101.8 a	13.3 a	73.6	2,545
오리나무 꽃가루	89.4	95.7 b	13.8 a	85.1	2,393
석송자(대비)	89.0	93.8 b	13.4 a	73.5	2,345

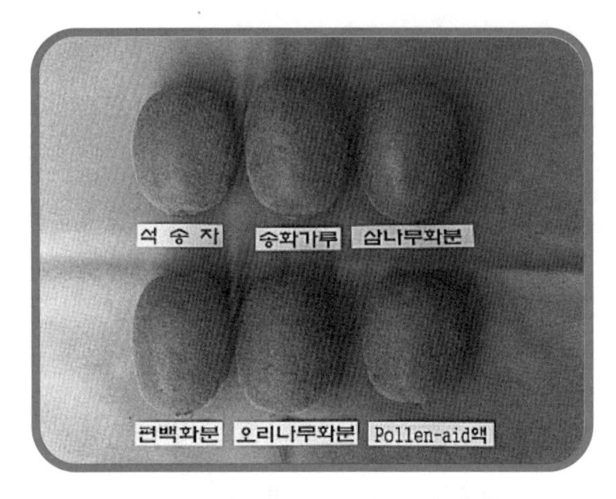

〈그림 7-9〉 증량제별 인공수분 후 수확과실

② 염색 송홧가루(염색 꽃가루)

- 송홧가루는 4월 초(완도 기준) 소나무의 꽃이 개화하기 직전에 채취한다.
- 25℃에서 하루 건조하여 개약시킨다.
- 100㎛의 체로 정선한 다음 밀봉하여 시원하고 건조한 곳에 보관한다.
- 식용 적색색소 2호 10%(10g/100mL)를 이용한다.
- 비커에 송홧가루 100g당 100mL의 염색액을 넣는다.
- 가열판 위에서 열을 가하여 나무막대로 저으면서 건조한다.
- 가루가 뭉치면 100㎛의 체로 정선하거나 분쇄기로 간다.

- 밀봉하여 시원하고 건조한 곳에 보관한다.

〈표 7-8〉 염색송화 등 증량제별 꽃가루 발아율, 착과율 및 과실특성

처 리 내 용	꽃가루 발아율(%)	착 과 율(%)	과 중(g)
염색송화	82.0	92.5 a	107.1 a
참나무숯	74.7	92.1 a	101.3 a
수정박사	80.1	93.3 a	102.2 a
석송자(대조)	74.3	95.6 a	107.7 a

〈그림 7-10〉 여러 가지 증량제(염색송화, 참숯, 수정박사, 석송자)

〈그림 7-11〉 인공수분 후 육안관찰 정도(염색송화, 참숯, 수정박사, 석송자)

〈표 7-9〉 10a당 소요량과 소요비용

처 리 내 용	소 요 량	소요비용(원)
염색송화	250g	15,500
참나무숯	250g	1,000
수정박사	250g	20,000
석송자(대조)	250g	40,000

③ 숯

- 참나무숯, 소나무숯, 대나무숯 등을 이용할 수 있다.
- 소량으로 육안관찰이 용이하므로 꽃가루의 살포량도 적다.
- 1 대 5 정도로 보통 꽃가루 희석량보다 많이 첨가한다.
- 공중습도가 높을 때는 참나무숯의 분사가 순조롭지 못할 수도 있다.
- 수분기를 가끔 흔들면서 사용하면 효과적이다.
- 보관할 때 수분을 흡수하지 않게 충분히 건조한 후 밀봉한다.
- 시원하고 건조한 곳에 보관한다.

〈표 7-10〉 숯 증량제의 크기와 비중

재 료	입자 크기(㎛)			가비중(g/mL)
	길 이(L)	지 름(D)	비 율(L/D)	
참나무숯	42.1 a	25.5 ab	1.7	0.50 a
대나무숯	43.7 a	23.1 ab	1.9	0.53 a
소나무숯	40.3 b	21.8 ab	2.0	0.52 a
석 송 자	40.8 b	36.9 a	1.1	0.36 b
참다래 꽃가루	32.8 c	17.2 c	1.9	0.57 a

※ 100㎛ 체로 정선하였을 때

〈표 7-11〉 꽃가루 발아율과 수확 과실특성

재　료	꽃가루 발아율(%)	착 과 율(%)	과　중(g)
참나무숯	74.7	92.1	101.3
대나무숯	80.2	91.7	102.4
소나무숯	79.7	96.7	98.8
석 송 자	71.7	95.6	93.4

※ 혼합 전 참다래 꽃가루의 발아율 : 80.0%

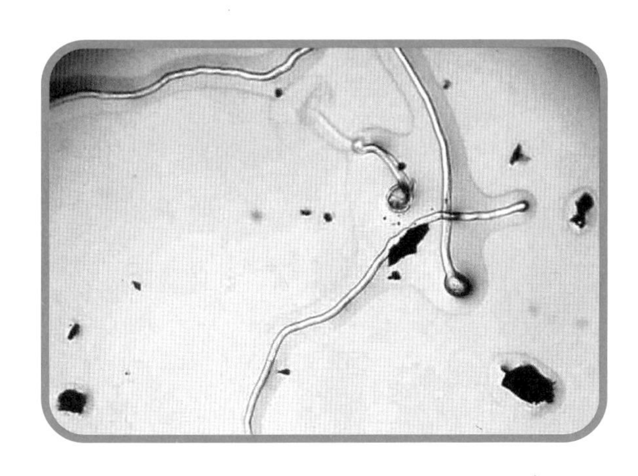

〈그림 7-12〉 참숯과 혼합 후 발아가 잘 된 참다래 꽃가루

▷ 물수분

① 물수분 준비 : 믹서, 증류수, 첨가제, 물수분기, 꽃가루, 계량용 컵, 흰색 물통 한 개가 필요하다.

② 혼합량 : 증류수 10L에 첨가제 500cc, 가루색소 2.0g, 꽃가루 40g을 혼합한다.

③ 혼합 순서

- 첨가제+색소+증류수 5L를 5분간 혼합한 다음 나머지 증류수 5L+꽃가루 40g을 넣어 5분간 혼합하여 사용한다. 총 10분간 혼합한다.
- 믹서를 사용할 때는 220V 3단에서 정회전 2분 30초, 역회전 2분 30초를 하여 5분간 혼합하고, 꽃가루를 40g 넣은 다음 1단으로 서서히 혼합한다.

④ 주의사항

- 물은 반드시 증류수를 사용해야 하고, 혼합된 물량은 두 시간 안에 사용해야 한다.
- 수분이 끝나면 믹서 외의 기구는 증류수로 잘 세척하며 첨가제 및 색소는 용기에 잘 보관하여 다음에 사용할 때 문제가 없게 한다.
- 수분할 때는 마스크와 모자를 착용한다.

▷ 인공수분용 기구

면봉을 사용하면 수꽃을 암술머리에 직접 묻혀주어 꽃가루 소요량이 적고 인공수분 효과는 좋으나 시간이 많이 소요되는 단점이 있다. 수동분사기와 전동

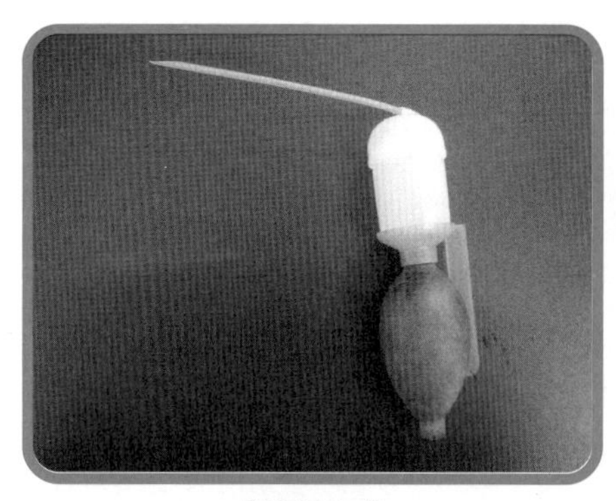

【수동분사기】

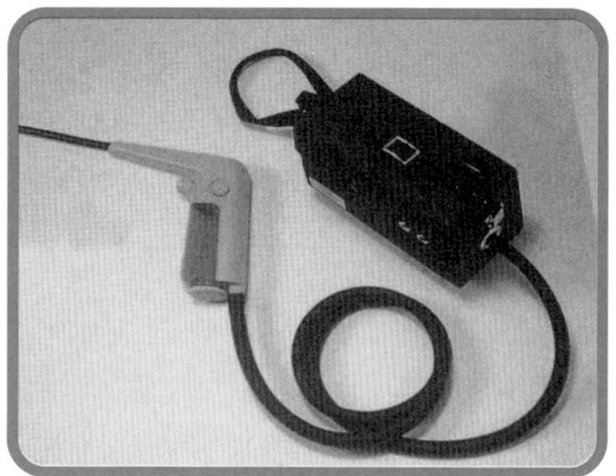

【전동분사기】

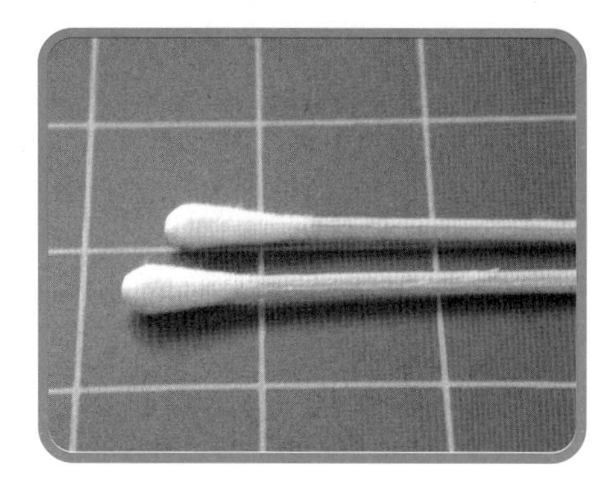

【면 봉】

〈그림 7-13〉 인공수분용 기구

분사기는 꽃가루 소요량은 다소 많으나 시간이 적게 들어 효과적이다.

〈표 7-12〉 살포기구별 꽃가루 소요량, 소요시간, 착과율 및 수량(전남농업기술원, 1995)

처 리	꽃가루 소요량 (g/10a)	소요시간 (시간/10a)	착 과 율 (%)	과 중 (g)	수 량 (kg/10a)
면 봉	5.1	16.4	96.7	91.7	1,900
수동분사기	11.0	11.9	98.9	94.4	1,981
전동분사기	10.2	9.5	97.5	99.0	2,065

▷ 최근 인공수분 관련 연구 사례

① 물수분시 적정 꽃가루 희석량 : 물수분시 꽃가루는 물 1L당 5g 이상을 희석할 때 100g 이상의 과실을 50% 이상 수확할 수 있다.

② 인공수분 시각이 과실 착과와 품질에 미치는 영향 : 인공수분시 수분시간이 빠를수록 100g 이상의 과실 생산비율이 높게 되므로 가능한 한 오전 9시 이전에 하는 것이 좋다(〈표 7-14〉).

〈표 7-13〉 물수분시 꽃가루 희석량별 과중 및 과중분포

처 리 (꽃가루 희석량g/L)	과 중(g)	과중분포(%)				상품과율
		60g 이하	60~79g	80~99g	100g 이상	
2	85.9	0	12.5	63.2	24.3	87.5
3	94.6	0	8.3	57.0	34.7	91.7
4	95.5	0	15.0	50.0	35.0	85.0
5	104.3	0	2.6	38.2	59.2	97.4

※ 상품과율 : 80g 이상

〈표 7-14〉 수분방법과 수분 시각별 과중 및 과중분포

처 리		과 중(g)	과중분포(%)				상품과율
수분방법	수분시각		60g 이하	60~79g	80~99g	100g 이상	
물수분	09±10분	100.6	0	7.8	37.8	54.4	92.2
	12	99.8	0	5.8	43.9	50.3	94.2
	15	99.4	0	4.0	52.4	43.6	96.0
	18	93.2	0.6	18.7	56.2	24.5	80.7
가루수분	09±10분	98.8	0	6.5	30.5	63.0	93.5
	12	99.5	0	9.4	47.9	42.7	90.6
	15	98.4	0	4.9	49.7	45.4	95.1
	18	95.2	0	11.9	53.7	34.4	88.1

※ 상품과율 : 80g 이상

③ 참다래 유효 수분기간 : 참다래 개화 후 유효 수분기간은 4일째까지 100%의 착과율을 나타냈다. 그러나 5일 이후부터는 착과율이 낮아져 6일 후에 수분한 것에서는 42.6%의 착과율을 보였다(〈표 7-15〉). 과중은 개화 후 3일 이내에 수분한 것에서는 95g 이상을 나타냈으나 4일 이후에 수분한 것에서는 72g을 나타냈다(〈표 7-16〉).

〈표 7-15〉 개화 후 경과일수별 착과율과 과일크기 및 과형지수

처 리 (개화 후 경과일수)	착 과 율(%)	과일크기(mm)		과 형 지 수
		종 경	횡 경	
2일 이내	100	51.8	36.8	1.41
3일 후	100	50.7	37.0	1.36
4일 후	100	45.4	34.8	1.31
5일 후	90.2	38.6	33.4	1.15
6일 후	42.6	33.9	30.2	1.12

※ 조사일 : 6월 27일

〈표 7-16〉 개화 후 인공수분 일자별 참다래 과실의 품질

수분 일자	과 중(g)	당 도(%)	경 도(N)	산 함 량(%)
개화당일	97.8 a[z]	14.2 a	7.85 a	1.05 a
개화 1일 후	96.1 a	14.1 a	6.77 a	1.04 a
개화 2일 후	96.8 a	14.2 a	6.57 a	1.06 a
개화 3일 후	95.6 a	14.1 a	7.29 a	1.01 a
개화 4일 후	71.5 b	13.3 b	7.29 a	1.18 ab
개화 5일 후	54.7 c	12.0 c	8.14 a	1.26 b
개화 6일 후	29.0 d	10.8 d	7.95 a	1.35 c

[z]5% 수준에서 던컨의 다중검정에 의한 반복 평균값의 처리간 유의성이 인정됨

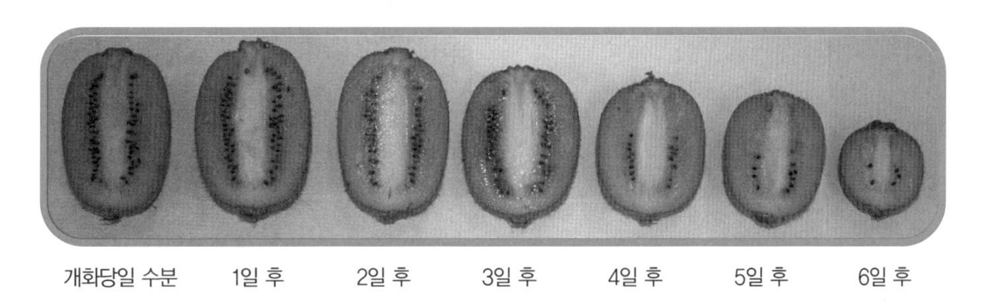

〈그림 7-14〉 개화 후 인공수분 일자별 참다래 과실의 과형과 종자 형성

【개화 후 3일】

【개화 후 4일】

〈그림 7-15〉 참다래 개화 일수별 꽃 상태

④ 수입 폴리네이드와 국내 개발 화분현탁액의 효능 : 수입 폴리네이드(pollenaid)와 국내 개발 화분현탁액의 효능을 비교한 결과 착과율에서는 큰 차이를 보이지 않았다(〈표 7-17〉). 그러나 100g 이상의 과중분포는 1시간 침지처리구를 제외하고는 2~5시간 침지처리구 모두 국내에서 개발된 화분현탁액 처리구에 많은 것으로 나타났다.

〈표 7-17〉 수입 폴리네이드와 국내 개발 화분현탁액 효능 비교자료

처 리		착과율	과중	과중분포(%)				상품과율
제품종류	침지시간	(%)	(g)	60g 이하	60~79g	80~99g	100g 이상	
수입 폴리네이드	1시간	100	113.1	0	0	8.0	92.0	100
	2시간	100	106.3	0	0	39.1	60.9	100
	3시간	98.6	105.6	0	0	39.8	60.2	100
	4시간	98.2	100.5	0	4.3	41.3	54.4	95.7
	5시간	95.5	98.4	0	10.5	40.7	48.8	89.5
국내 개발 화분현탁액	1시간	100	111.7	0	0	22.7	77.3	100
	2시간	100	108.7	0	0	16.0	84.0	100
	3시간	99.0	110.9	0	0	13.0	87.0	100
	4시간	97.7	104.8	0	2.7	39.3	58.0	97.3
	5시간	96.0	101.0	0	6.4	43.1	50.5	93.6

※ 상품과율 : 80g 이상

적뢰와 적과

◆ 적뢰

▷ 적뢰 시기

- 적뢰는 조기에 실시하는 것이 좋다.
- 꽃썩음병 발생이 많은 과원에서는 다소 늦추는 것이 좋다.
- 조기에 적뢰하면 측화뢰와 함께 중심화뢰도 제거되는 경우가 있다.

• 개화 전인 5월 상중순에 중심화뢰만 남기고 적뢰하는 것이 좋다.

▷ 적뢰 방법

• 적뢰 정도는 꽃썩음병이 많을 경우 보통 적뢰보다 20~30% 많은 1m²당 35~40화의 중심화뢰를 남기고 실시한다.
• 측화뢰를 제거하는 것이 상품과 생산에 유리하다. 과다결실하면 과실이 작고 품질이 저하되며, 다음 해 결과지 확보가 어렵고 심하면 해가리 원인도 된다.

◆ 적과

• 참다래는 낙화기부터 6월 중순경까지 최대로 비대된다.
• 과실 종경과 횡경은 수확할 때 과실 비대량의 70~80%가 7월 중순까지 비대된다.
• 이 기간이 과실 비대, 수량 증대, 고품질, 생산과 밀접하게 관련된다.
• 적과대상은 작은 과실(수정 불량), 기형과, 상해과, 병해충과 등이다.

▷ 적과 시기

적과 시기를 개화기, 만개 후 10일, 만개 후 20일에 실시한 실험에서 수량, 100g 이상인 과실의 비율, 상품과율은 모두 화뢰기, 개화기, 만개 후 10일, 만개 후 20일에 실시한 것 순으로 좋게 나타났다(〈표 7-18〉). 또 적뢰 및 적과의 유무에 따른 과실 품질에 관한 연구결과에서도 적뢰처리구, 적과처리구, 무처리구 순으로 과중이 무거운 것으로 나타났다(〈표 7-19〉).

〈표 7-18〉 적과 시기가 참다래 과실의 품질 및 수량에 미치는 영향(원시)

적과 시기	수량(kg/10a)	과중별 분포(%)			
		79g 이하	80~90g	100g 이상	상품과율(80g 이상)
화뢰기	1,748	20.6	49.4	29.6	79.4
개화기	1,742	26.5	46.6	27.5	74.0
만개 후 10일	1,663	25.5	52.3	22.3	74.5
만개 후 20일	1,588	29.7	53.8	16.6	70.3

〈표 7-19〉 적뢰와 적과 유무가 과실의 품질에 미치는 영향

구 분	1과중(g)	당도(°Brix)	산함량(%)
무적과구	84.7(100)	15.0	1.7
적과구	102.4(121)	14.2	1.5
적뢰구	110.6(131)	15.4	1.5

※ 과중의 ( ) 안의 숫자는 무적과구를 100으로 한 지수임

▷ 적과 정도

적과 정도는 참다래 종류, 수령, 수세 등에 따라 다르지만, 일반적으로 10a당 목표수량을 2,500~3,000kg으로 할 경우 $1m^2$당 25~30과를 남긴다.

〈표 7-20〉 적과 정도별 수량 및 과중분포

적과 정도	수량(kg/10a)	과중분포(%)			상품과율 (80g 이상, %)
		79g 이하	80~99g	100g 이상	
20과/m^2	1,437	4.3	63.1	32.6	95.7
25과/m^2	1,623	23.5	63.9	10.9	75.3
30과/m^2	1,736	47.2	48.1	3.7	51.4
35과/m^2	1,884	60.9	37.6	0.8	39.4

과실비대

참다래의 과실은 다심피자방(多心皮子房, multicarpellate ovary)이 발육된 것이다. 과실의 세로지름과 가로지름의 비대곡선은 단순한 S자형곡선(sigmoid)을 나타내지만 과실무게의 증가곡선은 핵과류같이 2중 S자형곡선을 나타낸다.

수정된 후 초기생육이 극히 왕성하여 개화 후 40~50일경에 과실의 세로지름과 가로지름이 연간 총비대량의 70~80%까지 비대된다. 개화 직후부터 2주쯤 경과되면 세로지름, 가로지름에 비하여 생장이 왕성하여 약 2주간에는 세로지름은 연간 생장량의 약 60%, 가로지름은 50% 이상 비대된다.

그 후 2주쯤 경과되면 세로지름과 가로지름 모두 연간 생장량의 70% 이상까지 비대된다. 한편 과실의 비대과정은 다음과 같이 3단계로 나눌 수 있다.

◆ 제1단계

개화 후부터 40~58일까지다. 이 시기에는 과실 중량과 용적이 급속히 증가하여 총생장량의 80% 정도까지 비대된다. 과실의 비대는 초기에는 과심과 내과피 및 외과피의 세포분열에 의해 행해지며 이후에는 전 조직 내의 세포비대에 의해 행해진다.

호핑(Hopping)에 따르면 세포분열은 외과피에서는 개화 후 23일경에 종료되고 과심에서는 개화 후 110일경까지 분열이 느리게 계속된다. 세포의 비대는 조직 모두 이 시기에 주로 행해지며, 내과피의 세포는 길이가 5배 정도 증가된다. 과육의 황록색은 연한 홍색을 거쳐 회백색으로 된다.

◆ 제2단계

제1단계 후부터 개화 후 70~80일경까지로, 내과피와 과심의 세포비대가 급격히 둔화되어 과실의 비대가 완만한 시기다. 과육은 담홍색 혹은 회백색을 거쳐 담록색으로 된다.

◆ 제3단계

제2단계 후부터 성숙기까지다. 이 시기에는 과심과 내과피의 세포는 조금씩 비대되나 외과피의 세포는 성숙됨에 따라 약간 축소된다. 과중은 증가되고 과육은 담록색에서 아름다운 녹색으로 변화된다. 과즙이 많아지며 당분이 증가되고 풍미가 진해진다.

결실조절

참다래는 수정되면 생리적인 낙과가 없기 때문에 결실조절을 하지 않으면 과다결실로 과실이 작고 품질이 현저하게 떨어진다. 그뿐만 아니라 나무의 세력이 현저하게 약화되어 다음 해에 결실시킬 양호한 열매밑가지(結果母枝)의 확보가 어렵게 되고 심하면 해거리의 원인이 된다.

참다래의 과실은 수정 직후의 초기생육이 극히 왕성하기 때문에 가능하면 조기에 결실조절을 해야 효과를 충분히 얻을 수 있다. 그러므로 참다래의 결실조절은 열매솎기(摘果)보다는 꽃따기(摘花)를 하고, 꽃따기보다는 꽃봉오리따기(摘蕾)를 하는 것이 좋다.

◆ 결실조절의 정도

단위면적당 착과수를 증가시키면 수량은 증가되나 1과당 무게는 가벼워지고 반대로 착과수를 줄이면 수량은 감소되나 1과당 무게는 무거워진다. 그러므로 나무의 세력이나 지력에 따라 경제적으로 유리한 적정수준을 택하는 것이 좋으며, 과실 1개를 충분히 비대시키고 유리한 적정수준을 택하는 것이 좋다.

과실 1개를 충분히 비대시키고 저장양분을 축적하는 데 필요한 잎의 수는 크고 건전한 잎 6~7매다. 나무의 세력이 약하여 단과지(短果枝) 발생이 많을 때는 잎이 작고 얇으므로 과실 1개당 잎수를 7~8매로 증가시키는 것이 좋다.

과실이 작은 브루노, 몬티, 아보트 등의 품종에서는 과실이 큰 헤이워드 품종에 비하여 과실 1개당 잎수를 1매 정도 적게 해도 된다.

일반적으로 열매가지당 과실을 2~3개 결실시키고, 크고 건전한 잎이 20매 정도 착생된 세력이 좋은 열매가지라면 헤이워드 품종에서는 3~4과, 기타 품종에서는 4~5과 결실시킨다.

8장

과원의 토양과 시비 관리

08 과원의 토양과 시비 관리

참다래 과원 토양 관리

◆ 토양 관리의 중요성

토양은 식물 생장에 필요한 무기양분과 수분을 동시에 공급하고, 뿌리를 고정시켜 식물체를 지탱하는 기질 역할을 한다. 그러므로 참다래나무의 생장과 결실을 양호하게 하려면 근계가 잘 발달하고 기능을 원활하게 할 수 있는 토양 조건을 항상 유지하며 더욱 개선할 수 있게 관리가 필요하다.

토양 관리는 크게 제초, 토양유실 방지 등 토양표면에 대한 관리와 심경, 토양수분의 조절같이 심층토양을 개량하는 관리로 구분한다. 일반적으로는 토양표면 관리, 즉 과수원에 풀을 자라게 하거나, 짚 또는 풀을 깔아주거나 하는 등의 관리만을 의미할 때가 많다.

또 참다래나무의 뿌리는 지표면에서 10~30cm에 분포하여 건조와 과습에 매우 약하므로 알맞은 수분을 유지하기 위한 토양 관리가 중요하다. 알맞은 토양 관리의 기본은 토양표면 피복, 깊이갈이, 유기물 시용, 토양개량제의 시용 등으로 증진할 수 있다.

◆ 알맞은 토양 조건

참다래는 수분 흡수와 엽면에서 증산작용이 특히 왕성하여 뿌리의 산소 요구도가 높은 성질이 있다. 그렇기 때문에 비가 많이 와서 토양에 물이 많으면 습해를 받기 쉽다. 특히 표토층의 물리적 성질이 나무의 생육, 수량, 품질에 크게 영향을 준다.

토양표층의 물리성과 과일 비대의 관계는 토양의 용적량이 작을수록 공극률이 높고, 투수성이 좋으며, 과일당 무게가 큰 경향을 보인다(〈표 8-1〉). 참다래는 뿌리의 산소 요구도가 높으므로 토심이 깊고, 물빠짐이 좋으며, 비옥한 땅이 재배하기에 좋다. 즉 참다래 재배에 알맞은 토성은 사양토나 양토로서 유효 토층이 깊은 곳이다.

〈표 8-1〉 표층토의 물리성이 참다래 과일 무게에 미치는 영향
(오쿠마(大熊)와 스에사와(末澤), 香川農試)

지 점	용적량(g)	표층토의 삼상분포(%)				과일당 무게(g)
		고상(固相)	액상(液相)	기상(氣相)	공극률	
1	155	60.2	31.1	8.7	39.8	121.3
2	155	60.0	32.0	8.0	40.0	136.4
3	137	51.8	26.5	21.7	48.2	141.6
4	124	46.8	29.1	24.1	53.2	154.0

▷ 토양표면 피복

토양유실 방지 효과가 크며 여름철 건조기에는 수분증발이 억제되고 토양보습 효과도 좋아진다. 그러므로 비닐, 짚, 산야초 등으로 피복하면 좋다.

〈표 8-2〉 토양 요인이 수량에 미치는 영향

요 인 별		수 량(kg/10a)
토 성	사 양 토	2,237(100)
	식 양 토	2,458(111.1)
	식 토	1,934(86.5)
배 수	매우 양호	-
	양 호	2,168(100)
	약간 양호	1,580(72.9)
경 사 (%)	2~7	2,220(100)
	7~15	2,013(90.7)
	15~30	1,930(86.9)
	〉30	-
자갈함량(%)	〈10	2,184(100)
	10~35	2,205(100.9)
	〉35	2,080(95.2)
유효토심(cm)	〉100	2,470(100)
	50~100	2,384(96.5)
	20~50	2,118(85.7)
	〈20	1,615(65.4)

▷ 깊이갈이

식재하기 전에 하는 것이 중요하며, 그 이후에는 뿌리가 얕기 때문에 실시하기 어렵다. 개원 초부터 깊이갈이(深耕)와 동시에 유기물을 투여하여 뿌리가 더 넓고 깊게 뻗을 여건을 조성해야 한다. 깊이갈이는 해마다 새 뿌리가 뻗어나가는 범위를 예상하여 연차적으로 실시하되 3~4년 내에 나무주변을 순회할 수 있게 한다. 수액 이동시 깊이갈이를 하면 뿌리 상처로 인한 수액 유출이 심하여 수세를 약화시키므로 낙엽 직후부터 1월 하순까지 완료한다.

▷ 유기물 시용

심경을 하고 유기물을 투입하면 전용적 밀도(가비중)가 커지고 토양 굳기가 낮아져 침투 속도가 빨라지고, 투수량이 증가하여 표면수의 유출이 적어지며 침식량도 적어진다. 그러나 이 방법으로는 경사지 토양의 침식을 크게 줄이지는 못한다.

유기물 재료로 질소질 비료가 과다한 가축분이 많이 들어갈 때는 영양생장의 계속과 숙기가 지연될 수 있으며, 가축분뇨는 일반적으로 인산을 많이 함유하기 때문에 인산이 과다축적될 수도 있다.

유기물의 10a당 시용량은 우분 퇴비의 경우 2,000~3,000kg, 돈분 퇴비의 경우 1,000~2,000kg이 알맞다. 부숙이 덜 된 퇴비를 시용하면 토양 중의 많은 산소를 급속히 소모시킬 뿐 아니라 썩을 때 발생되는 가스나 부식산에 의해 뿌리가 장해를 받거나 토양이 산성화되어 나무의 생장을 저해하므로 짚과 섞어 6개월쯤 완숙시켜 시용한다.

▷ 토양개량제의 시용

토양의 물리성을 좋게 하고 산성토양을 중화시킬 석회 요구량은 부식 함량이 많은 토양이나 점질토양에서 높기 때문에 일반적으로 10a당 200kg쯤 시용한다. 석회는 토양 중에서 이동이 잘 되지 않으므로 깊이갈이와 동시에 전층 시비가 바람직하며, 2~3년에 1회 이상 주는 것이 좋다.

석회의 시용량과 유기물은 균형을 이루어야 한다. 즉 유기물이 충분한 상태여야 석회의 시용효과가 증진되며, pH의 안정은 유기물을 기본으로 유지해야 한다.

〈표 8-3〉 토양의 pH상승을 위한 소석회 시용량

토 성	기존토양의 pH 1.0 상승을 위한 소석회 사용량(단위 : kg/10a)	
	4.5~5.5	5.5~6.5
사 토	124	110
사 양 토	198	238
양 토	297	312
식 양 토	348	412

◆ 과수원 토양의 개량 목표

참다래는 수분을 많이 흡수하고 잎이 넓어서 엽면에서의 증산작용 역시 왕성하며 뿌리의 산소 요구도가 매우 높다. 그러므로 물이 고이거나 과습한 땅은 습해를 받기 쉽고 나무의 생육, 수량, 품질에도 크게 영향을 준다.

참다래 재배에 알맞은 토양은 토심이 깊고, 물빠짐이 양호할 뿐만 아니라 비옥한 땅에 물을 보유하는 힘이 강해야 한다. 즉 사양토나 양토로서 유효토층이 깊은 곳이 좋다.

〈표 8-4〉 토양의 이화학성 개량 목표

구 분	개량 목표	구 분	개량 목표
유효심(cm)	100 이상	유기물(g/kg)	30
기상률(%)	15	유효인산(mg/kg)	200
경도(mm)	20	칼리(cmol+/kg)	0.5
투수속도(mm/시간)	5	칼슘(cmol+/kg)	6.0
지하수위(cm)	100 이상	마그네슘(cmol+/kg)	2.0
산도(pH)	6.0~6.5	염기치환용량(cmol+/kg)	20

【배수불량포장】

【습해가 발생하여 생긴 낙엽】

〈그림 8-1〉 참다래 습해 발생포장

◆ 뿌리의 생장 특성과 분포

헤이워드 품종의 8년생 뿌리 분포를 보면 성목초기의 나무뿌리는 반지름 1m, 표토 10cm 사이에 전체의 87%를 차지한다(〈표 8-5〉). 반지름 1~2m 범위는 13%를 차지하고 있으니 줄기를 중심으로 밀생함을 알 수 있다. 지표면에서 20cm 깊이까지 97%가 분포하고, 20~30cm 범위에는 3%쯤 있다. 일부 배수가 양호한 곳은 10~60cm까지도 깊게 자라나 뿌리가 비교적 얕은 과수다.

〈표 8-5〉 참다래 헤이워드 8년생 1주당 나무뿌리의 분포비율(스에사와, 1983)

원줄기에서의 거리	0~1m			1~2m		
깊 이	0~10cm	10~20cm	계	0~10cm	10~20cm	계
뿌리줄기	9.5	-	9.5	-	-	-
아주 큰 뿌리(지름 20mm 이상)	16.0	-	16.0	-	-	-
큰 뿌리(지름 10~20mm 이상)	22.2	0.4	22.6	0.9	-	0.9
중간 뿌리(지름 5~10mm 이상)	17.2	0.5	17.7	3.5	0.1	3.6
작은 뿌리(지름 2~5mm 이상)	6.8	0.4	7.2	2.4	0.1	2.5
아주 작은 뿌리(지름 2mm 미만)	12.5	1.2	13.7	5.6	0.7	6.3
전뿌리무게비	84.2	2.5	86.7	12.4	0.9	13.3

어린 나무의 새 가지와 뿌리의 생육 정도를 보면 지상부 새 가지의 생장은 4월 상순에서 5월 상순에 정점을 이루고, 꽃필 때는 서서히 자란 후 6월 상중순경에 자람이 정지된다. 그 후 7월 상순경에 나무자람세가 왕성할 경우 새 가지가 다시 자라기 시작해 7월 중순경에 제2차 정점을 보이고, 8월 하순경까지 자란다.

뿌리는 4월 하순경에 자라며 새로운 뿌리가 자라는 속도가 가장 빠를 때에는 새 가지의 자람에 비하여 20~30일 늦게 나타나 6월 상순경에 정점을 이룬다. 그 후 점차 감소되어 9월 하순이면 뿌리의 자람은 거의 없다.

토양수분 관리

우리나라의 연강수량 분포를 살펴보면 900~1,300mm로 온대낙엽과수를 재배하기에 충분한 양이지만 연강수량의 1/2이 6~8월에 집중적으로 분포되기 때문에 유과의 발육기와 과실의 성숙기에 강수량이 부족하여 이 시기에 관수가 필요하다. 특히 경사지나 하천부지에 조성된 과수원은 관수의 필요성이 더욱더 증대된다.

수분은 나무와 과실의 주요 구성성분으로서 토양 중 비료성분을 뿌리에 흡수시켜 수체 각 부분에 운반하며, 잎의 광합성에 필요한 수소 및 산소의 공급원으로서 수체 및 과실의 온도상승과 지온상승 방지, 뿌리의 활동을 조장하는 역할을 하기 때문에 알맞은 양의 관수는 필수적이다.

관수에 의한 토양수분의 증가는 수체의 생장과 과실품질 및 수량증대에 효과가 있다. 그러나 토양수분의 부족은 잎의 동화기능 저하, 증산량 감소, 양분 흡수능력 저하, 뿌리의 활동저하 등에 의하여 수체의 생장과 발육을 억제시킨다.

◆ 관수

관수 방법에는 지표면관수, 살수관수, 점적관수 등이 있는데, 이 중에서 점적관수할 때 물의 소비량이 가장 적으며 일시적으로 과습이나 건조되지 않을 뿐만 아니라 항상 알맞은 습도 유지가 가능하다.

토양에서는 수분이동이 느리므로 뿌리가 물을 찾아서 생장한다. 일반적으로 가물 때는 5~7일 간격으로 관수하며, 관수량은 유효토층의 깊이, 토성 등에 따라 차이가 있으나 일반적인 1회 관수량은 약 30mm 또는 주간을 중심으로 주당 500L 정도다.

〈표 8-6〉 관수 방법별 효과 비교(원시, 1989)

구 분	점적관수	살수관수
물소요량(10a당 1회 20mm)	1.7톤	20톤
토양 물리성	악변방지	악변
경사지, 찰흙토양	사용 가능	사용 불가

〈표 8-7〉 점적관수에 의한 관수 시기별 수량 및 과중분포(해남과시, 1994)

관수 시기	수량(kg/10a)	과중분포			
		79g 이하	80~99g	100g 이상	80g 이상 상품과율
개화기~성숙기	1,802	7.1	56.4	36.6	92.9
과실비대최성기	1,696	17.8	608	21.5	82.3
성숙기	1,682	22.4	56.5	21.1	77.6
자연관수	1,608	28.6	62.4	8.8	71.5

※ 개화기~성숙기 : 5월 하순~10월 하순, 과실비대최성기 : 5월 하순~7월 중순, 성숙기 : 9월 중순~10월 하순

한편 국내 참다래 재배농가의 관수 현황을 살펴보면 재배면적의 51.7%가 관수시설을 설치한 반면 40.4%는 강우에 의존한다. 관수시설별로는 덕위점적이 34.0%로 가장 많고, 지면점적 11.3%, 살수관수 6.4%, 양수호스 등을 이용한

기타 방법이 7.8%여서 재배가들의 인식 전환이 필요하다.

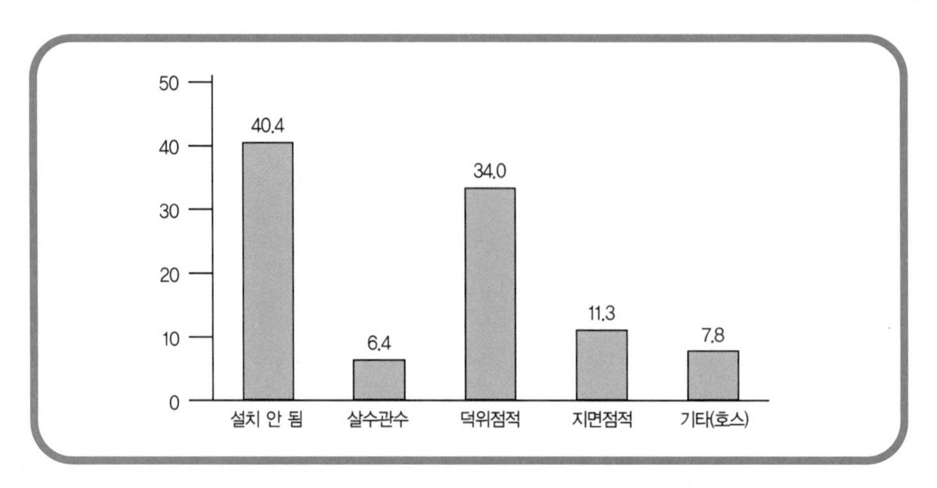

〈그림 8-2〉 관수시설 설치 현황(해남과시, 1996)

◆ 배수

참다래는 내건성뿐만 아니라 내습성도 약한 과수로서 기존 과수 중에서 습해에 가장 약한 과수로 알려진 복숭아보다 더 약하다. 배수가 불량하여 뿌리가 담수 상태가 되면 잎의 광합성작용이 서서히 저하되고 증산작용도 2~3일은 증가되나 그 후에는 생육이 현저히 불량하여 말라 죽는 경우가 많다.

특히 논을 밭으로 전환하여 조성한 과수원에서는 장마가 끝난 후 간혹 낙과되면서 잎이 시드는 현상이 급격히 진행되는 경우가 있는데, 이는 위의 논에서 물이 스며들어 지하수위가 높아져 지하부가 말라 죽기 때문이다. 이때 물 부족으로 오인하여 관수하면 잎이 시드는 현상이 더욱 심해지므로 배수를 철저히 해야 한다.

배수방법에는 명거배수와 암거배수가 있다. 명거배수는 배수할 물의 양이 많거나 면적이 넓을 때 또는 지표면에 물이 고이는 경우에 알맞으며, 암거배수는 지표면이 편평하여 토양 중에 정체되는 물이 많을 때 이용한다.

명거배수는 배수가 쉽고 작업도 용이하나 뿌리가 뻗을 수 있는 면적이 줄어든다. 암거배수는 작업에 지장이 없고 경지 이용 면에서 유리하나 설치에 필요한 노동력 소요가 많고 물 빠짐이 느린 단점이 있다.

거름주기

참다래가 정상적으로 생장 · 결실하기 위해서는 다른 작물과 마찬가지로 필수원소(essential element) 중 탄소, 수소, 산소 등을 제외한 나머지 원소를 토양에서 흡수 · 이용해야 하는데, 대개의 토양에는 참다래가 필요로 하는 상당량의 원소들이 함유되어 있다.

그러나 이와 같은 원소 중에는 토양에 있는 양만으로는 충분하지 못하기 때문에 부족한 양을 인위적으로 공급해야만 수세를 유지할 수 있어 시비가 필요하다.

이와 같이 비료요소에 대해서는 수시로 포장에서 육안 관찰하거나 토양과 잎을 분석해 영양진단을 하여 과다하면 비료요소의 토양시비량을 줄이고, 부족하면 원인을 분석하여 토양을 개량함과 동시에 부족한 비료요소의 토양시비량을 조절하고 응급조치로 엽면시비를 하여 보충해야 한다.

◆ 참다래 기관별 주요 무기성분 분포

수체의 영양상태를 육안으로 판정하는 것은 매우 어려워 일부 비료요소의 전형적인 과부족 증상을 제외하고는 그 원인이 혼동되므로 어느 성분을 어느 정도 양으로 주어야 좋을지 결정하지 못할 경우가 많다. 비료요소의 과부족에 따른 수체 내 양분변화는 잎에서 가장 민감하게 나타나므로 주로 엽분석을 통하여 실시한다.

엽분석을 위한 잎의 채취 시기는 신초생장이 정지되고 잎 내 무기성분 함량 변화가 적은 때가 좋다. 일반적으로 참다래나무의 엽은 7월 하순에서 8월 상순에 채취한다. 엽시료 채취방법은 조사 과원의 대표적인 나무를 5~10주 선정하여 각 나무의 수관외부 눈높이의 새 가지 중간부 위에 있는 잎을 10매 채취하여 분석한다.

보통 참다래 엽중 질소(N) 함량은 5월 상순의 어린잎에 특히 많고 성엽이 되는 6월 상순에 급격히 저하되며 7월 하순에서 8월 상순에는 변화가 적다. 인산(P)은 5월 상순에 많으나 6월 상순에 낮아져 그 후 비교적 안정된 함량이 유지된다. 칼리(K)의 함량은 5월 상순에서 6월 하순까지는 많으나 7월 하순에 이르러 현저히 낮아지고 그 후는 완만하게 낮아진다.

칼슘(Ca)은 잎이 어릴 때는 적으나 그 후는 점차 완만하게 증가되어 7월 하순이면 이동 없이 고정되며 뿌리와 줄기 부분에 많다.

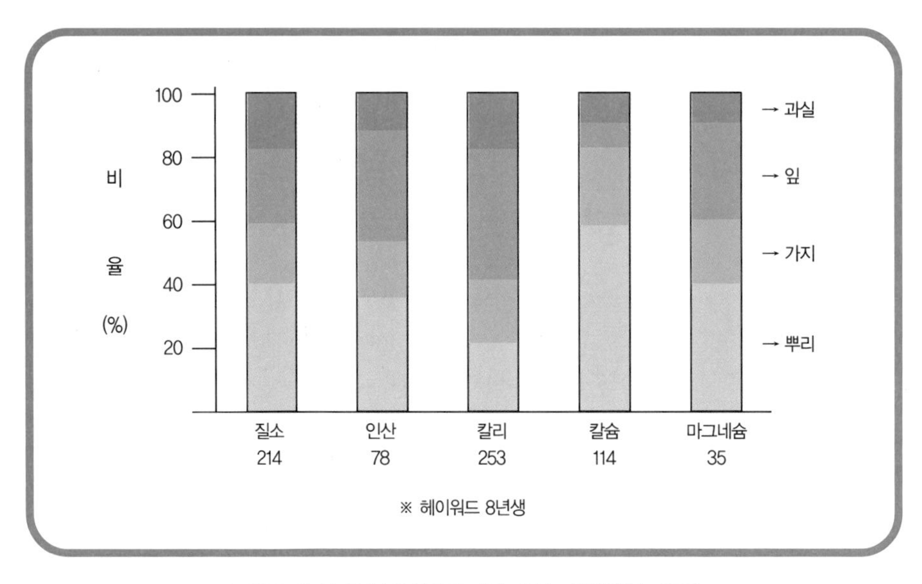

〈그림 8-3〉 무기성분의 흡수와 기관 내 분포(香川農試, 1983)

마그네슘(Mg)은 잎이 어릴 때는 적으나 다 자랐을 때인 6월 상순에 급격히 증가하다가 6월 하순에 낮아져 그 후는 안정된 함량으로 유지되며 뿌리 부분에 많이 저장된다. 참다래의 무기성분 흡수량은 칼리가 가장 많고 다음은 질소, 칼슘, 인산 순이며 마그네슘이 가장 적다. 잎에는 인산과 칼리가 많고, 뿌리에는 질소, 칼슘, 마그네슘이 많다.

◆ 거름 주는 방법

시비방법에는 윤구시비법(輪溝施肥法), 조구시비법(條溝施肥法), 방사구시비법(放射溝施肥法), 전원시비법(全園施肥法) 등이 있으며 수령, 토양조건, 지형 등에 따라 적당한 방법을 이용한다. 이상적인 시비방법은 거름을 줄 때 뿌리의 손상이 적고 시용한 비료의 손실이 적으면서 고르게 뿌리에 흡수되게 하는 것이다.

나무가 어릴 때는 뿌리 범위가 넓지 않으므로 깊이갈이를 겸하여 윤구시비 또는 방사구시비를 하는 것이 좋다. 성목으로 자랐을 때는 과수원 전면에 퇴비와 화학비료를 균일하게 살포하고 뿌리의 손상을 줄일 수 있게 전원시비 또는 조구시비를 한다.

특히 전원시비를 계속할 경우 뿌리가 천근성이 되어 건조의 해나 겨울철 동해를 받기 쉽다. 경사지에서는 전원시비할 때 강우에 의한 토양의 침식과 더불어 비료성분이 유실되기 쉬우므로 윤구 또는 방사구시비를 한다.

웃거름(추비)은 생육기간이어서 뿌리의 손상을 최대한 억제해야 하므로 지표면에 거름을 주고 괭이로 가볍게 긁어준다. 시비는 비가 내리기 직전이나 직후에 하는 것이 비효가 증대되며, 토양이 건조하여 시비한 비료의 흡수가 곤란할 때에는 물주기를 하는 것이 좋다.

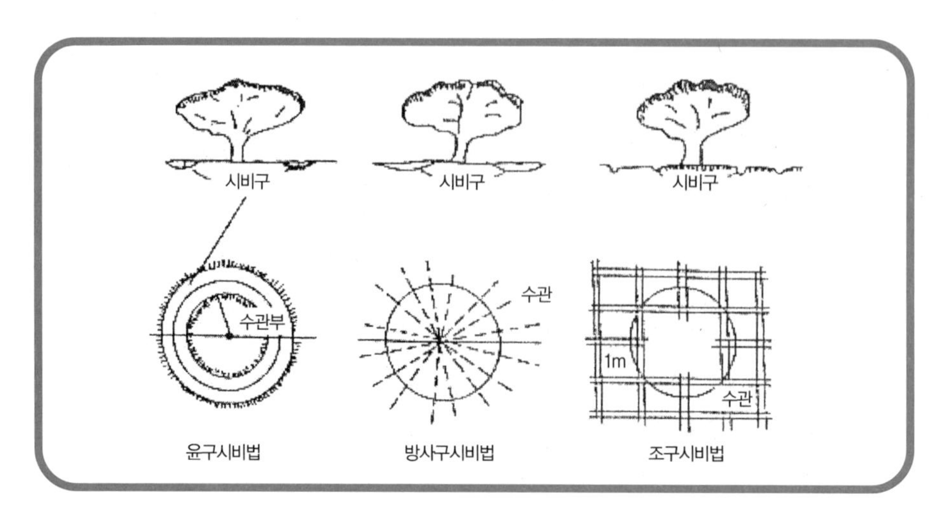

〈그림 8-4〉 참다래 거름 주는 방법

◆ 거름 줄 때 주의사항

참다래의 뿌리는 얕게 내리고 수분을 많이 함유하고 있으므로 화학비료의 해를 입기 쉽다. 비료의 농도가 진하면 삼투압 작용으로 뿌리의 수분이 탈수되어 뿌리가 약해지는 경우가 있다. 멀칭도 하지 않은 곳에 고농도 화학비료를 살포하면 뿌리에 가장 나쁘다. 특히 뿌리가 활동할 때는 비료의 해를 입기 쉬우므로 봄 비료로 요소 등을 뿌려주는 등 뿌리를 약하게 해서는 안 된다.

◆ 거름의 양

시비량(施肥量)은 토양의 비옥도, 수령, 결실량 등에 따라 적당하게 조절해야 하나, 성목원(成木園)에서는 일반적으로 10a당 질소 20kg, 인산 14~16kg, 칼리 16~18kg을 시용한다. 그러나 나무자람세 또는 잎색 등에 의한 육안 판단, 엽분석에 의한 영양분의 과부족을 판정해 거름 주는 양을 조절하는 것이 좋다.

〈표 8-8〉 참다래의 엽중 적정 무기성분 함량(After Clark et al., 1986)

원 소	단 위	부 족	적 정	과 다
다 량 원 소				
질 소	%	〈1.5	2.2~2.8	〉5.5
인 산	%	〈0.12	0.18~0.22	〉1.0
칼 리	%	〈1.5	1.8~2.5	-
칼 슘	%	〈0.2	3.0~3.5	-
마그네슘	%	〈0.1	0.3~0.4	-
황	%	〈0.18	0.25~0.45	-
나트륨	%	-	0.01~0.05	〉0.12
염 소	%	〈0.6	1.0~3.0	〉7.0
미 량 원 소				
망 간	mg/kg	〈30	50~100	〉1,500
철	mg/kg	〈60	80~200	-
아 연	mg/kg	〈12	15~30	〉1,000
동	mg/kg	〈3	10~15	-
붕 소	mg/kg	〈20	40~50	〉100

우리나라에서는 논토양, 밭토양, 경사지, 화산회토 등 토성별로 참다래에 대한 시비량 구명이 미흡하므로 재배자의 판단으로 자기 과원의 영양을 진단하고 시비량을 결정하는 것이 무난하다. 참고로 일본 과수시험장의 참다래 수령별 시비량을 보면 〈표 8-9〉와 같다.

〈표 8-9〉 참다래의 33주 재식시 수령별 거름 주는 기준(kg/10a)

수 령	질 소	인 산	칼 리
1년	4.0	3.2	3.6
2~3년	8.0	6.4	7.2
4~5년	12.0	9.6	10.8
6~7년	16.0	12.6	14.4
성 목	20.0	16.0	18.0

◆ 거름 주는 시기

▷ 밑거름

밑거름(基肥)은 낙엽 전후(11~1월)부터 휴면기간에 주는 거름을 말한다. 밑거름은 전 생육기간에 비료효과가 지속될 수 있게 지효성인 퇴비 등 유기질 비료와 속효성인 화학비료를 함께 사용해야 한다. 밑거름으로서 질소와 칼리는 연간 시용량의 60%쯤 시용한다.

인산은 토양 중에서 이동이 적고 불용화(不溶化)되기 쉬워서 뿌리 주변에 시용해야 비효가 크므로 깊이갈이할 때 퇴비와 함께 전량을 밑거름으로 사용한다.

▷ 여름거름

새 가지의 자람과 과실의 비대생장은 6~7월에 가장 왕성하므로 이때 부족한 비료성분을 보충해주어 새 가지의 자람, 과실의 비대를 좋게 한다. 시용 시기는 꽃 피기가 종료된 후인 6월 상중순경이며 일반적으로 질소와 칼리를 연간 시용량의 20%쯤 배분하여 준다.

질소가 과다하면 새 가지가 지나치게 웃자라 덕면의 수광 상태가 불량해져 낙엽이 유발되고 다음 해에 열매가지로 자랄 가지가 쇠약하게 된다.

▷ 가을거름

가을거름(秋肥)은 결실로 수세가 쇠약해진 상태를 회복하고 각종 생리작용을 촉진하여 저장양분을 많게 하며 다음 해의 생육, 개화, 결실이 정상적이게 하는 데 의미가 있다. 여름철에는 집중강우에 의한 토양과 비료성분의 유실과 용탈이 많고 여름거름만으로는 과실 성숙과 저장양분 축적에 충분하지 않으므로 부족하기 쉬운 질소와 칼리를 보충한다.

시용 시기는 9월 중순경이 좋으며 질소와 칼리를 연간 시용량의 20%쯤 시용한다. 그러나 질소 시용량이 너무 많으면 2차 생장을 유발하며 잎에서 생성된 동화 물질의 소비가 많아지면서 가지, 뿌리 등의 조직이 불충실해져 동해를 받기 쉽다.

〈표 8-10〉 참다래 시비 시기별 시비량(성목)

구 분	시 비 량(kg/10a)			시비 시기
	질 소	인 산	칼 리	
밑 거 름	12.0	14.0~16.0	9.6~11.6	11~1월 하순
여름거름	4.0	-	3.2	6월 상중순
가을거름	4.0	-	3.2	9월 중순
계	20.0	14.0~16.0	16.0~18.0	

9장

수확과 저장

09 수확과 저장

수확

◆ 수확 시기 결정

참다래 성숙지표는 당 함량을 기준으로 판단한다. 수확할 때 표준 당 함량은 뉴질랜드 6.2%, 캘리포니아 6.5%, 우리나라 6.2~7.0%다. 당도 측정을 위해 과정부위에서 과경부위로 절단한 다음 압착기에 넣고 힘을 가해 흘러나오는 주스를 병에 담는다. 받은 주스를 잘 희석한 다음 굴절당도계 위에 2~3방울 떨어뜨린다.

후숙이 안 된 과실은 전분이 구름상태를 나타내 당도계 경계선을 읽기가 어려운데 이런 경우 헝겊이나 얼굴 세척용 티슈로 여과해서 사용한다. 시간이 여유가 있을 경우 병뚜껑을 덮어 몇 분 동안 방치하면 주스의 전분이 가라앉는다.

굴절당도계는 온도 보상값이 조절된 것이 좋다. 온도 보상이 자동으로 되어 있지 않은 경우에는 증류수를 활용 당도가 '0' 을 나타내는지 확인하고 사용한다. 굴절당도계는 당 측정부위가 건조 상태여야 하며 당을 측정할 때마다 부드러운 천이나 티슈로 이전 주스를 깨끗이 제거해야 한다.

수확 시기가 너무 이르면 과실 내 고형물 함량이 낮아 저장 중 쉽게 연화되고 너무 늦게 수확하면 전분 함량 감소로 저장력이 저하되면서 쉽게 부패된다. 특히 수세가 나쁜 나무에서 수확기가 늦으면 수체내 당 축적이 되지 않아 겨울철 동해를 받기 쉽고 생육기 수세 저하와 함께 해거리의 원인이 되기도 한다.

◆ 수확 요령

손에 장갑을 끼고 수확해서 플라스틱 상자 또는 밑으로 쏟아 부을 수 있는 천으로 된 백에 넣는다. 수확할 때 연화된 과실이나 병충해 피해과가 발견되면 제거한다. 수확한 과실은 직사광선을 받지 않게 그늘에 두었다가 저장고로 운송한다.

과실류는 수확 후 취급과정에서 상처를 받는다. 과실 취급과정의 상처율은 수확과정 14%, 운반 중 12%, 패킹과정 18%이고 유통 중에는 56%로 유통 중에 상처가 많이 발생한다(〈표 9-1〉). 참다래도 수확과정이나 운반도중 상처를 받으면 에틸렌 발생량이 현저히 증가해 과실이 연화되기 때문에 상처가 발생되지 않게 취급할 때 주의해야 한다.

수확할 때 손톱자국이나 과실자루에 의한 상처는 에틸렌 발생량에 큰 영향을 미치지 않으나 1, 2m에서 낙상해도 에틸렌 발생량 증가로 저장력이 현저히 감소되기 때문에 낙상이 발생되지 않게 조심해야 한다(〈표 9-2〉).

〈표 9-1〉 과실 수확 후 취급과정의 상처과 발생률(Kader, 1978)

구 분	상처과율(%)
나무	0
수확용 백	14
운반용 상자	12
패킹 과정	18
유통 중	56

〈표 9-2〉 참다래 상처 유형별 호흡량 및 에틸렌 함량(박, 2000, 한원지)

상처 내용	호흡량(mL/hr/kg)	에틸렌 발생량(uL/hr/kg)
손톱자국 상처	1.6	44
과실자루 상처	1.8	40
1m 높이에서 떨어뜨림	4.2	62
2m 높이에서 떨어뜨림	4.5	70

참다래는 클라이맥터릭 과수로서 수확과 함께 후숙되는데, 에틸렌에 매우 민감해 20ppb 정도의 낮은 농도에도 영향을 받는다. 수확할 때 전분 함량은 5~8%이지만 후숙과 함께 당으로 가수분해되어 급격히 감소한다. 급속한 경도 저하는 저장 6~8주 사이에 일어나는데 이는 전분의 가수분해 정도와 밀접한 관련성이 있다.

◆ 과실 호흡 생리

참다래는 수확 후 가공하거나 소비하기 전까지 생명현상이 지속되는데 호흡으로 저장양분을 산화시켜 필요한 에너지를 얻는다. 호흡량은 사과나 포도에 비해 낮아 장기간 저장이 가능하다.

과실류에서는 온도가 높아질수록 호흡량이 증가하는데, 참다래 헤이워드 호흡량은 0℃에서는 3~4mL(이산화탄소/kg/hr), 5℃에서는 5~7mL, 10℃에서는 9~12mL, 15℃에서는 16~22mL, 20℃에서는 27~36mL, 25℃에서는 47~60mL로 크게 증가하여 25℃에서는 0℃에 비해 무려 15배나 높다.

수확기 에틸렌 발생량은 0.1~1.0uL/hr/kg으로 매우 낮으나 후숙이 개시되면서 50~100uL로 증가한다. 에틸렌 발생량은 물리적 상처, 부패, 외부 스트레스에 의해 증가한다. 저장한 과실의 후숙 중 에틸렌 발생량은 과실마다 다른데 저장기간이 길수록 에틸렌 발생량은 균일한 경향을 나타낸다.

후숙 기간은 상온조건에서 20일이 소요되지만 0℃에서는 6개월에 연화된다. 에틸렌 최대 발생량은 호흡량이 최대로 발생되는 시기와 일치하는 경향을 나타낸다.

저장 전처리

◆ 예조

수확시 낙상이나 물리적 상처는 저장력을 현저히 떨어뜨리므로 충분한 시간 여유를 갖고 수확하는 것이 필요하다. 수확시 과경분리 과정에서 과경부에 필연적으로 상처가 발생하는데 이 부위로 병감염뿐만 아니라 호흡이 왕성하게 일어나므로 빠른 시간 내 상처 치유가 중요하다. 수확 후 상온에서 예조하는데 참다래는 10℃에서 2~3일 예조 후 저장고에 넣는 것이 아주 효과적이다.

예조는 다소 건조한 상태에서 실시하는 것이 효과적이기 때문에, 플라스틱 상자에서 예조 후 과실을 PE필름으로 감싸 저장하는 것이 바람직하다. 여건이 허락하면 예조 직후 플라스틱 상자 상태로 예냉하는 것이 더욱 효과적이다.

저장 중 가끔 PE필름 내에 물기가 장기간 머물러 있는데 예냉은 이러한 문제점을 없애준다. 예조, 예냉 후 에틸렌 흡착제를 상자당 2~3개 넣어주는 것이 연화억제에 매우 효과적이다.

과실류에서 저장 전처리는 저장, 유통 중 부패과 방지와 함께 생리장해를 감소시킨다. 배, 단감, 유자 등의 과실에서도 저장 전처리는 저장력을 증진시킨다. 참다래 수확 후 2~3일간 상온에서 예조한 뒤 저장하면 과경절단 부위의 상처가 치유돼 부패과 발생률이 현저히 감소된다.

참다래 과실을 저장 전 10, 20℃에서 각각 1, 2, 3, 4, 5일 예조한 다음 저온저장 6주 후 호흡량과 에틸렌 함량 변화를 살펴보면(〈표 9-3〉) 10℃에서 4, 5일 처리와 20℃에서 3, 4, 5일 처리는 호흡량과 에틸렌 발생량이 높아 바람직하지 않다. 부패과율을 조사해보면 20℃보다는 10℃에서 예조할 때 부패과 발생률이 낮았으므로 10℃에서 2~3일 또는 20℃에서 1~2일 예조하는 것이 바람직하다.

〈표 9-3〉 참다래의 예조온도 및 시간이 6주 후의 과실 호흡량 및 에틸렌 함량에 미치는 영향(박, 2000, 한원지)

온도(℃)	예조기간(일)	호흡량(mL/hr/kg)	에틸렌 발생량(uL/hr/kg)
10	0	2.2	16
	1	2.2	14
	2	2.0	18
	3	2.4	18
	4	2.5	20
	5	3.1	30
20	1	2.4	14
	2	2.6	17
	3	3.3	23
	4	3.8	36
	5	4.0	40

저장 중 이산화탄소에 견디는 힘이 강한 과실이나 채소류는 저장효과를 더욱 증진하기 위해 저장 전 일시적으로 높은 농도의 이산화탄소를 단기간 처리하거나 저장 전 PE필름 내에 이산화탄소를 처리하는데, 이러한 처리는 저장 중 에틸렌 발생량 감소에 의한 연화지연을 가져와 저장력을 증진시킨다.

연화지연에 따라 부패과 발생률도 현저히 감소한다. 참다래는 저장시 높은 농도의 이산화탄소 전처리를 하면 저장력을 증진시키지만 이때 처리기간이 너무 길면 혐기상태가 진행되어 부패된다.

감자에서 큐어링(curing) 온도에 따른 전표피와 목질화 형성은 25℃에서는 각각 1, 2일, 10℃에서는 각각 3, 6일, 5℃에서는 각각 5~8, 10일로 큐어링 온도가 낮아짐에 따라 전표피와 목질화 형성에 소요되는 기간이 현저히 길어지는 경향을 보이다가 0℃에서는 전표피가 형성되지 않는 경향을 나타냄으로써 큐어링시 온도가 큰 영향을 미치는데(〈표 9-4〉), 과종에 따라 처리 온도와 기간은 다소 상이하다.

〈표 9-4〉 예조온도에 따른 감자의 목질화 및 전표피 형성 정도

온 도	형성에 요구되는 시간(일)	
	목 질	전 표 피
25	1	2
15	2	3
10	3	6
5	5~8	10
2	7~8	미형성

◆ 예냉

▷ 의의

수확한 과실은 품온이 높아(아침 10℃ 내외, 오후 20℃ 내외) 저장고에서 저장온도까지 낮추는 데 시간이 많이 든다. 이때 저장 전 예냉은 과실의 온도를 신속하게 낮춰주므로 저장효과를 높이는 데 크게 기여한다.

▷ 과실류의 예냉

과실류는 저장 전 또는 수송 전 예냉을 실시한다. 예냉 중 과실의 온도 변화를 복숭아를 예로 들어보면, 0℃에서 20℃의 과육을 10℃로 낮추는 데는 4시간이 소요되고, 10℃의 과육을 5℃로 낮추는 데는 4시간, 5℃의 과육을 2.5℃로 낮추는 데는 4시간, 2.5℃의 과육을 1.25℃로 낮추는 데는 4시간, 1.25℃의 과육을 0℃로 낮추는 데는 4시간이 소요된다.

만약 -1℃ 공기로 예냉할 때는 20℃의 과육을 1.6℃로 낮추는 데 6시간 내외가 소요되는 것으로 보고되었다. 따라서 예냉은 빠른 시간에 과육의 온도를 낮출 수 있는데 예냉 속도는 공기 속도, 적재량 등에 영향을 받는다.

참다래 수확시 과실온도가 21℃인 것을 저온저장고에 입고했을 때 시간경과에 따른 온도 변화를 보면 저장온도인 1℃ 내외에 도달하는 데 20시간이 소요되나 예냉하면 6시간 내외면 된다. 따라서 저장 중 과육의 온도를 빠른 시간 안에 저장온도로 낮추는 데는 예냉이 효과적이다.

▷ 예조 및 예냉과 과실의 품질

수확한 과실의 온도를 빨리 낮추지 않으면 과실 내 수분도 많이 손실된다. 과실에서 수분손실률은 과실과 주위환경의 대기습도에 직접 영향을 받는다. 온도와 상대습도가 이 증산압력을 조절한다. 온도가 높고 낮은 대기습도에서 참다래를 수확할 때 증산량은 온도 0℃, 상대습도 95%일 때에 비해 무려 25~50배나 높다. 이것은 수확 후 포장까지 1시간 야적하면 저장 중 1~2일간 증산한 양과 같다.

연화는 수확 후 급격히 진행되므로 빨리 냉각시켜야 하는데 연화 속도는 온도에 의존한다. 예를 들면 5℃일 경우 0℃에 비해 연화 속도가 3배 빠르다. 참다래를 저장 전 10, 20, 30℃에서 예조한 다음 저온저장 24주 후 식미, 연화율, 부패율을 조사하면 식미는 10, 20℃에서 대조구와 차이가 없었으나 30℃에서 현저히 감소했다. 연화과율과 부패율도 30℃에서 28.6~30.0%, 33.0~28.0%로 10, 20℃에 비해 현저히 높았다.

반면, 20℃에서 1~2일간 예조하면 연화과율과 부패과율이 현저히 감소되는데 이는 수확시 과경부 상처가 융합되었기 때문으로 보며, 이로써 저장 전 예조는 부패율 감소에 기여하는 것으로 나타났다.

〈표 9-5〉 참다래 예조에 따른 부패율 변화(박, 2003, 한원지)

대 조 구	식 미	연화과율(%)	부패율(%)
10℃에서 1일간 예조	4.5	4.5	8.0
10℃에서 2일간 예조	4.5	5.0	7.2
20℃에서 1일간 예조	4.5	2.1	3.2
20℃에서 2일간 예조	4.6	1.8	4.7
30℃에서 1일간 예조	3.8	30.0	33.0
30℃에서 2일간 예조	2.4	28.6	28.0

과실에 인위적으로 상처를 내 10℃와 20℃에서 예조한 다음 잿빛곰팡이병과 연부병을 접종한 후 저온저장한 상태에서 병 발생률과 발생 정도를 조사해보면 두 병 모두 예조는 무처리와 차이를 나타내지 않았다(〈표 9-6〉).

반면 20℃ 예조는 대조구에 비해 부패율과 부패정도를 현저히 증가시키는 경향을 나타냈다. 병 발생 정도는 연부병이 잿빛곰팡이에 비해 감염속도가 현저히 빨랐다. 그러나 30% 이산화탄소에서 1일간 전처리는 이들 병 발생률과 발생정도를 현저히 감소시켜 상처를 받아 병이 감염된 과실에는 고농도 이산화탄소를 전처리하는 것이 바람직한 것으로 나타났다.

〈표 9-6〉 병 접종과에서 이산화탄소 전처리 효과(박, 2003, 한원지)

구 분	잿빛곰팡이병(4주)		연부병(8주)	
	부패율(%)	부패정도(%)	부패율(%)	부패정도(%)
대조구	100	100	40.8	30.3
10℃에서 3일간 예조	100	90.6	42.4	32.4
10℃에서 4일간 예조	100	95.0	38.0	33.0
20℃에서 2일간 예조	100	100	70.8	65.0
20℃에서 3일간 예조	100	100	55.0	44.2

▷ 예냉방법

선진국에서 이용하는 과실류 예냉방법에는 송풍예냉(room cooling), 강제 송풍예냉(forced air cooling), 냉수예냉(hydro cooling), 빙예냉(package icing), 진공예냉(vacuum cooling) 등이 있는데, 이들 예냉법은 과채류에 따라 다르게 적용한다. 이 중 진공예냉은 양상추, 빙예냉은 아스파라거스, 냉수예냉은 당근, 토마토에 이용하고, 과실류는 주로 송풍예냉과 강제 송풍예냉법을 이용한다. 참다래에서도 송풍예냉과 강제 송풍예냉법을 많이 이용한다.

① 송풍예냉 : 송풍예냉은 설치가 용이하기 때문에 선과장이나 저온저장고에서 널리 이용한다. 장점은 같은 장소에서 예냉과 저장이 이루어진다는 것이고, 단점은 예냉 속도가 늦고, 저장고 면적이 따로 필요하며 예냉 중 과실의 중량 감소가 심하다는 것이다.

상자에 넣은 과실은 예냉에 하루 이상이 소요되나 포장하지 않은 과실은 하루 정도면 예냉이 가능하다. 공기의 흐름이 좋은 상자를 이용하면 예냉 시간을 어느 정도 단축할 수 있다.

② 강제 송풍예냉 : 강제 송풍예냉은 냉각속도가 느린 송풍예냉의 결점을 보완하고 습도가 높은 공기를 이용해 예냉하기 때문에 건조에 민감한 딸기나 포도, 과수류, 채소류에 많이 활용된다. 다양한 형태의 예냉 시설이 이용되는데 냉동고 성능과 냉각코일이 있으면 설치비를 많이 들이지 않고도 냉기를 기계적으로 교반하여 열전달이 큰 냉각속도를 얻는 유형의 공기예냉의 총칭이다.

강제 송풍예냉은 송풍예냉에 비하여 큰 냉각속도를 얻지만 예냉 시간은 10~15시간이다. 또 냉기 흐름에 대하여 냉각 불균일을 일으키기 쉬운 단점이 있으나 소규모 예냉에 가장 널리 이용하는 방법이다. 예냉장소와 저장장소는 분리하는 것이 일반적이다. 강제 송풍터널(forced air tunnel), 냉벽(cold wall), 냉각코일(forced air evaporative cooling)을 이용해 예냉한다.

〈표 9-7〉 저온저장고에서 참다래 과육 온도변화(박, 2000, 한원지)

저온저장고 경과시간	과실온도(℃)
0	21
4	8.0
8	5.5
12	3.2
16	1.7
20	1.4

◆ 에틸렌 흡착제 처리

에틸렌 흡착제 제조법은 먼저 과망산칼리($KMnO_4$) 약 1몰 용액(g/L)을 만든다. 체로 미분을 제거한 펄라이트를 과망산칼리 용액에 넣는다. 용액이 충분히 흡수되면 건져 그늘에서 말린다. 건조되면 산화방지를 위해 밀봉한다. 통기성 있는 망에 5g 내외를 넣어 사용하는데, 유효기간은 3개월로 보면 된다.

제조된 에틸렌 흡착제는 플라스틱 상자에 넣어 과실과 함께 저장하는데, 다습조건에서는 용액이 과피에 묻기도 하기 때문에 헝겊으로 한 번 더 싸주는 것이 좋다. 시중에 유통되는 흡착제는 유통기간이 경과해서 효과가 낮을 수 있다. 과망산칼리에 대한 에틸렌 흡착 반응은 다음과 같다.

$$4KMnO_4 + C_2H_4 \rightarrow 4MnO_2 + 4KOH + 2CO_2$$

◆ 1-MCP처리

에틸렌은 과실 연화를 유기하는 노화호르몬이다. 몇 가지 에틸렌 합성이나 작용기작 억제로 에틸렌에 의한 연화를 지연시킨다. 2.5-Norbonadiene, diazocyclopentadine, 에틸렌 합성을 억제하는 것으로 알려졌으나 화학독성 때문에 상용화되지 못하고 있다.

MCP는 사과에서 에틸렌 작용 억제제로 에틸렌 반응을 차단하는 것으로 알려졌다. MCP분말(상품명 EthylBloc)에 희석액을 혼합할 때 가스가 발생하는데 이를 처리하려면 과실을 금속성 밀폐 용기나 유리병에 넣어야 한다.

EthylBloc 분말을 교반기 비커에 넣는다. 0.18몰 KOH 5mL를 증류수 1L에 희석한다. EthylBloc 분말을 시린지가 부착된 밀폐용기에 넣고 주사기로 KOH 용액 5~10mL를 유리병에 넣는다. 사용서에 제조과정과 농도조절 내용이 상세히 설명되어 있다. 가스 농도조절 기준에 따라 MCP 가스를 주사기로 뽑아 밀폐용기에 저장된 과실에 주입해서 처리한다. 사과에서 처리농도는 0.8~1.0ppm, 20~25℃에서 12~16시간이다. 참다래에서도 이 수준이 에틸렌 작용기작을 억제하여 연화를 지연시킬 것이다.

수확 후 품질저하에 관여하는 요인

◆ 호흡량

과실은 살아 있는 생물로서 대사작용에 필요한 에너지를 호흡작용으로 얻는다. 호흡작용이 높으면 높을수록 조직 내 저장된 양분의 분해속도가 빨라진다. 수확 후 과실은 호흡활동이 지속되어 조직 내 저장양분이 감소되므로 품질이 저하되면서 연화·부패된다.

과실의 노화 정도는 대개 호흡량에 비례하는데, 호흡량은 유전적 소질과 함께 환경조건에 크게 영향을 받는다. 과실류를 호흡량에 따라 분류한 것이 〈표 9-8〉이다. 참다래나 사과는 호흡량이 낮은 그룹에 속하고, 아보카도나 블랙베리 등은 높은 그룹에 속한다.

성숙기에 도달해 호흡량이 급등하는 과실을 호흡 급등형 과실로 구분하고, 성숙기가 되어도 호흡량에 변화가 없는 그룹을 비급등형으로 구분한다. 참다래의 호흡량은 비교적 적으나 성숙기에 급등하는 성질이 있어 호흡량이 급등하기 전에 수확하면 그 뒤 호흡량이 감소되어 저장기간을 현저히 연장시킬 수 있다.

〈표 9-8〉 호흡량에 따른 과실 분류

구 분	5℃에서 호흡량(mg CO_2/kg/hr)	과 실 류
매우 낮음	<5	견과류, 각과류
낮음	5~10	참다래, 사과, 감귤류, 포도
중간	10~20	살구, 무화과, 오이, 복숭아, 배, 토마토
높음	20~40	아보카도, 블랙베리

◆ 에틸렌

수확한 과실류의 품질저하에 가장 큰 영향을 미치는 물질은 에틸렌 대사 과정에서 생성되는 에틸렌 호르몬이다. 에틸렌 발생량은 과실류에 따라 다르고 저장 환경조건에 따라서도 다르다. 에틸렌 발생량이 적은 감귤류, 포도, 석류, 대추 등은 유통 중 급격한 품질저하가 발생되지 않는다.

반면 참다래, 일부 동양 배, 복숭아, 자두 등은 에틸렌 생성량이 매우 많은 과실류다(〈표 9-9〉). 이들 과실류는 대부분 에틸렌에 아주 민감한데 참다래 같은 과실은 0.03ppm 내외의 농도에 민감하게 반응한다. 특히 참다래에서 수확 시기가 늦으면 과실 내부 에틸렌 함량이 높아 과실의 연화가 촉진된다.

〈표 9-9〉 에틸렌 발생량에 따른 과실류 분류

구 분	20℃에서 발생량(uL C_2H_4/kg/hr)	과 실 류
매우 낮음	≤0.1	감귤류, 포도, 딸기, 석류, 대추
낮음	0.1~1.0	멜론, 오이, 단감, 수박
보통	1.0~10.0	바나나, 무화과, 토마토, 망고
높음	10.0~100.0	사과, 살구, 아보카도, 참다래, 복숭아, 배, 자두
매우 높음	100.0≥	케리모이어, 패션푸르트

◆ 온도

저장 중 호흡량과 에틸렌 발생량은 저장조건에 크게 영향을 받는데 그중 온도가 가장 크게 영향을 미친다. 참다래에서 저장온도에 따른 호흡량은 저장온도를 0, 5, 10, 20℃로 높일 때 직선으로 증가한다(〈표 9-10〉). 반면 낮은 온도에 저장하면 호흡량이 감소될 뿐만 아니라 최대에 도달하는 시기도 지연된다.

따라서 수확 후 급격한 품질저하를 막으려면 가능한 한 빨리 과실의 온도를 낮춰야 한다. 호흡량은 저장방법에 따라 크게 차이 나는데, 상온에 두거나 저온에 저장하는 것에 비해 온도와 대기가스 조성분을 조절하면서 저장하는

CA(controlled atmospheres storage)저장을 하면 호흡량이 현저히 낮아진다(〈표 9-11〉).

〈표 9-10〉 참다래 저장온도에 따른 호흡량 및 에틸렌 함량(박, 1995)

저 장 온 도	호흡량(mL/hr/kg)	에틸렌 발생량(uL/hr/kg)
0	1.3	12.0
2	2.2	16.0
5	3.0	20.0
10	5.0	30~50.0
20	8~10.0	80~100.0

〈표 9-11〉 참다래 저장방법에 따른 호흡량 및 에틸렌 함량(박, 1996)

저 장 방 법	호흡량(mL/hr/kg)	에틸렌 발생량(uL/hr/kg)
상온	6~10.0	80~100
저온	1.3~2.2	30~50
CA	0.5~0.8	20~30

◆ 저장조건

에틸렌 발생량도 저장조건에 크게 영향을 받는다. 참다래 저장온도가 높으면 에틸렌 발생량도 크게 증가한다. 에틸렌 발생량을 현저히 감소시키는 저장방법은 이산화탄소가 혼합된 CA저장이다. 참다래에서도 이산화탄소는 에틸렌 대사 과정에서 ACC 산화효소의 활성을 감소시켜 에틸렌 발생량을 줄여준다. 참다래의 적정 CA조건은 3% O_2 + 5% CO_2 내외인데 비용이 많이 든다.

이산화탄소에 내성이 강한 과수류, 특히 사과, 단감, 무화과, 딸기 등의 일시적 고농도 이산화탄소 처리는 에틸렌 발생량 감소에 큰 효과가 있어 상업적으로 이용되기도 한다. 참다래 저장에서 에틸렌 발생량을 최소화하는 저장조건이 필요한데, 저장 중 발생된 에틸렌을 흡착시켜 저장고의 에틸렌 농도를 낮추는 것이 효과적이다. 에틸렌 흡착제 가운데 과망산칼리를 원료로 한 흡착제가 가장 널리 이용된다.

온도에 다른 품질감소율 변화를 볼 때 0, 10, 20, 30, 40℃에 저장하면 품질감소 속도는 0℃에 비해 온도가 높을수록 1, 3, 7.5, 15, 22.5배 빨라진다(〈표 9-12〉).

이때 저장기간은 0℃일 때는 100일이지만 10, 20, 30, 40℃에서는 33, 13, 7, 4일로 저장온도가 높을수록 현저히 짧아진다. 이는 호흡량, 에틸렌 함량, 노화를 유기하는 효소활성 증가와 밀접한 관련이 있는 것 같다.

〈표 9-12〉 온도에 따른 품질저하 정도

온도(℃)	Q10 값	품질저하 속도	상대 저장기간	일중 손실률(%)
0		1.0	100	1
10	3.0	3.0	33	3
20	2.5	7.7	13	8
30	2.0	15.0	7	14
40	1.5	22.5	4	25

주) Q10 = 10℃마다 품질저하도/품질저하도

◆ 수분손실

과실은 90% 내외가 수분으로 되어 있다. 과실은 수확 후 기간이 경과함에 따라 수분손실에 의한 수축과 변색으로 신선도가 크게 저하된다. 저장온도를 낮추면서 대기습도를 높이는 것은 어렵지만 저장고의 상대습도가 90% 내외일 때 과실 수분함량과 대기 중 수분함량이 같아 과실의 수분손실이 일어나지 않는다.

이산화탄소에 어느 정도 내성이 있는 참다래는 PE필름으로 밀봉해 저장하면 중량 감소에 의한 외관 수축을 방지할 수 있다.

반면 중량감소율이 10%를 초과해서 과피가 수축될 정도의 장해가 발생하면 과실을 상온에 두더라도 후숙되지 않기 때문에 특히 수분유지에 노력해야 한다(〈표 9-13〉).

〈표 9-13〉 과실류 수확 후 수분손실률

과 실 류	온도(℃)	상대습도(%)	수분손실률(%/일)
딸 기	15	45~65	0.7
사 과	0	85~90	0.007
오렌지	8.9	80~88	0.04
참다래	0	80~90	0.01

저장

참다래 저장력은 과실 소질과 함께 저장 방법에 따라 차이가 크다. 햇빛을 많이 받고 크기가 100g 내외이면서 적기에 수확한 과실이 저장력이 강하다. 반면 질소 과다시비원, 배수불량원, 노지과수원, 과실 비대제 살포원에서 생산된 과실은 장기저장보다 중 · 단기 저장하는 것이 바람직하다. 또 CA저장보다는 경제성이 높은 저온저장이 바람직하다.

최적 저온저장 조건은 0℃, 95% 상대습도조건이다. 최적 CA조건은 저온저장조건에 3% O_2+5~7% CO_2 수준이다. 저장고 온도는 2~3일에 걸쳐 0℃에 도달되게 하고 0~2℃ 정도로 맞춰서 균일하게 유지한다.

기상재해로 인한 정전, 저장고 자재나 밀폐, 천장이나 문틈으로 인한 열 손실로 저장고 온도가 0~5℃ 편차를 나타내면 과실은 스트레스를 받아 저장력이 현저히 저하된다. 반면 −1.8℃ 내외에서는 조직이 결빙되기 때문에 온도가 0℃ 이하로 떨어지지 않게 해야 한다.

저장조건에 따른 과실 경도에서, 상온저장은 저장 20일에 연화 수준에 도달

했고 저온저장에서는 저장 160일, CA저장에서는 180일이 경과해도 연화되지 않아 저장방법에 따라 큰 차이를 나타냈다(〈그림 9-1〉).

에틸렌 발생량은 저장조건에 따라 20~80ppm인데 상온저장은 저온저장이나 CA저장에 비해 현저히 높았다. 에틸렌 발생량은 100~400ppm으로 상온저장에서 현저히 높은 반면, CA저장에서 현저히 낮았다.

과실 연화 정도는 에틸렌 발생량에 의존하는데, 연화기에 증가하는 경향이었으나 저온이나 CA저장에서 연화나 상처가 발생하지 않아 에틸렌 발생량이 낮은 것으로 보아 정상적인 과실의 발생량은 현저히 낮다.

저장 중 경도는 전분 함량과 함께 심하게 감소하는 경향을 보이는데 연화는 당 대사와 관련성이 밀접한 것으로 조사되었다(〈그림 9-2〉). 저온저장 조건인 0, 3, 5, 10에서 참다래 절편 경도는 0, 3, 5℃에 비해 10℃에서 심하게 감소되었다.

과실 절편의 혐기 호흡조건에서 발생되는 알코올 함량도 0, 3℃보다는 5, 10℃에서 현저히 증가했는데 저장 14일에는 510, 545, 823, 1,100uL로 5, 10℃에서 현저히 높으므로 참다래 과실은 3℃ 이하에서 저장하는 것이 바람직하다(〈그림 9-3〉).

상온에서 후숙할 때 경도 감소는 CA저장기간에 다소 영향을 받았으나 후숙한 지 16~20일에 후숙되어 저온저장한 과실보다 다소 빨리 후숙되었다(〈그림 9-4〉). 에틸렌과 호흡량이 후숙 초기 크게 증가하여 CA저장 후 상온 후숙은 과실에 스트레스를 주는 것으로 보인다.

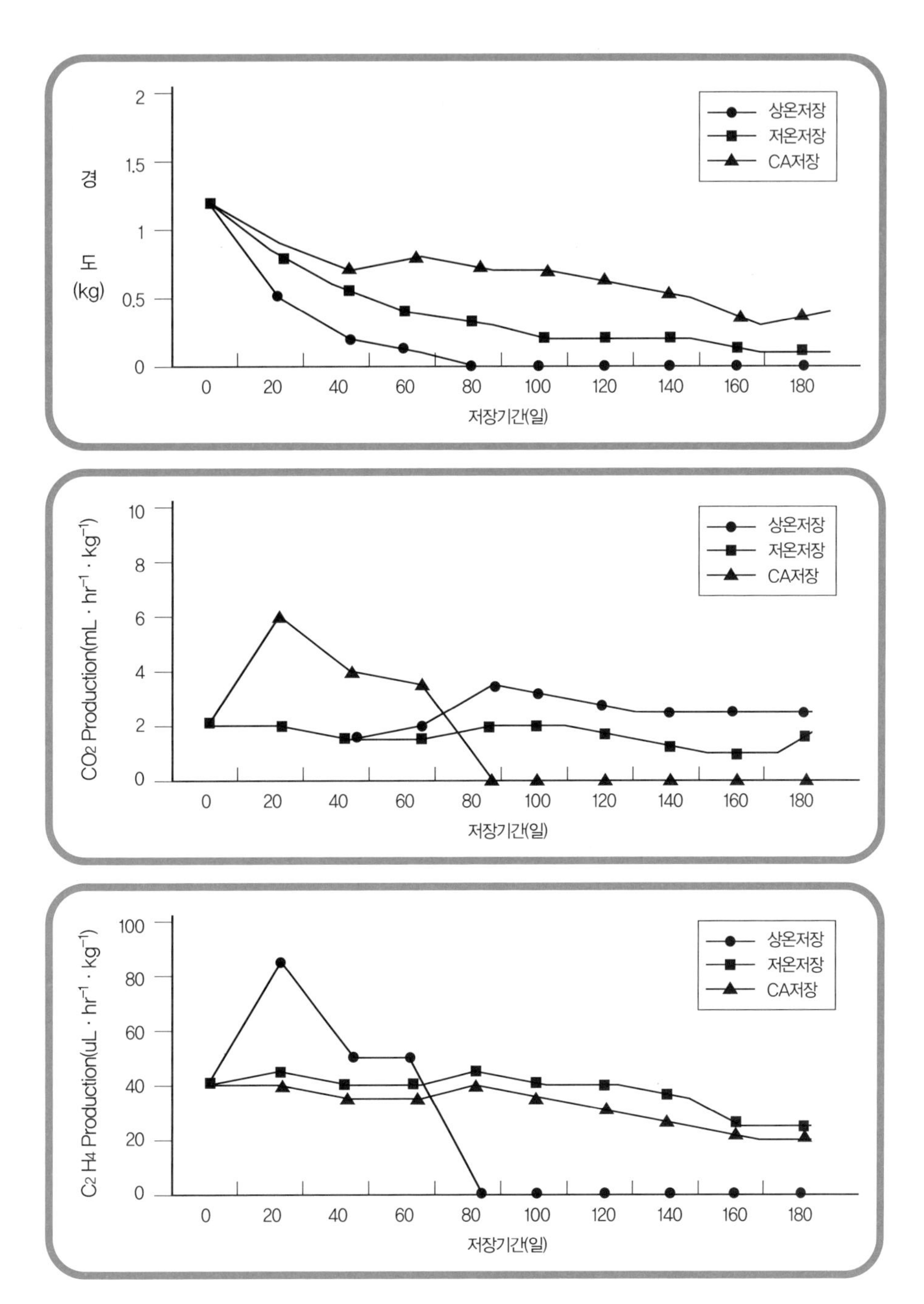

〈그림 9-1〉 저장조건에 따른 경도와 호흡량, 에틸렌 발생량

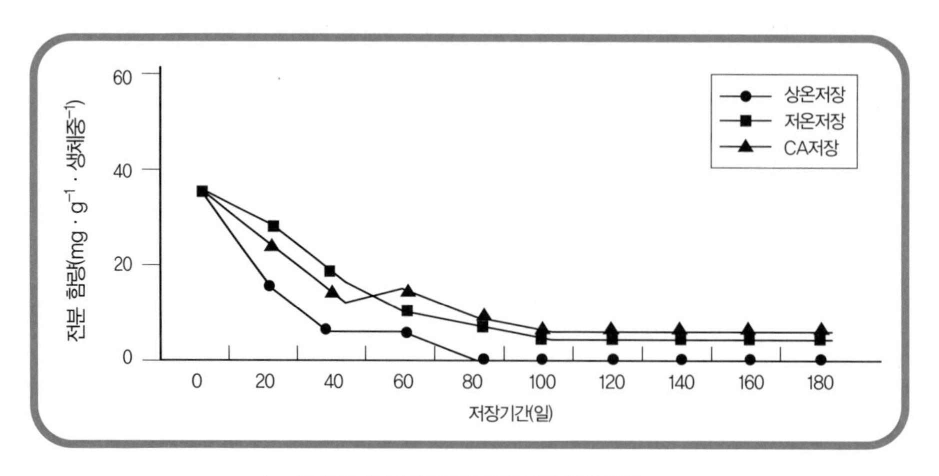

〈그림 9-2〉 저장조건에 따른 전분 함량 변화

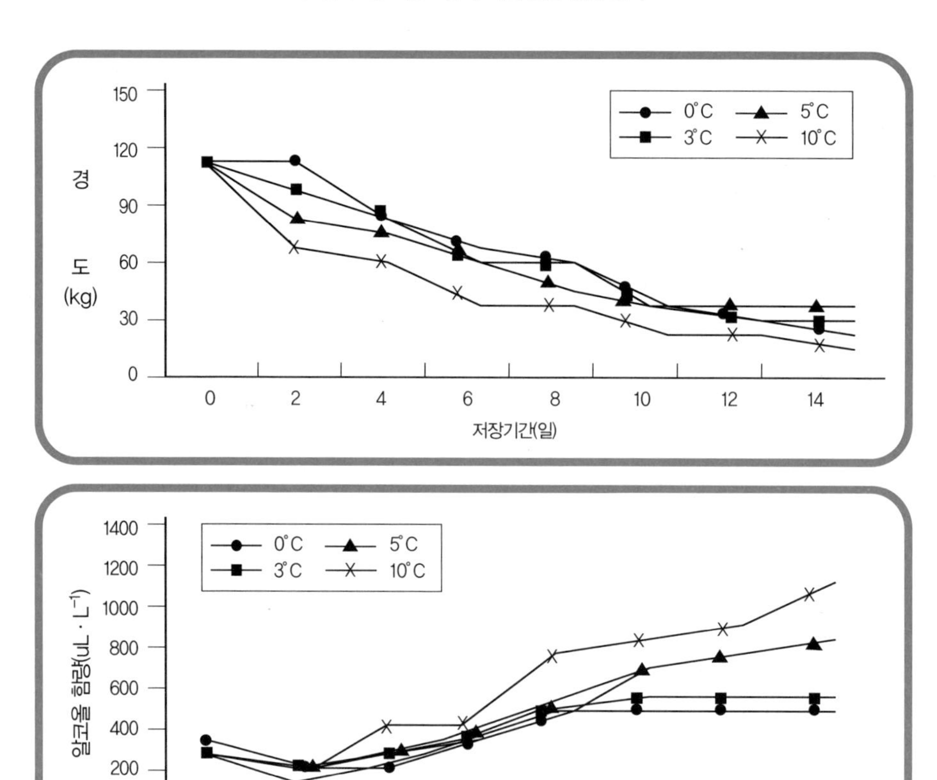

〈그림 9-3〉 참다래 절편 저장온도에 따른 경도와 알코올 함량 변화

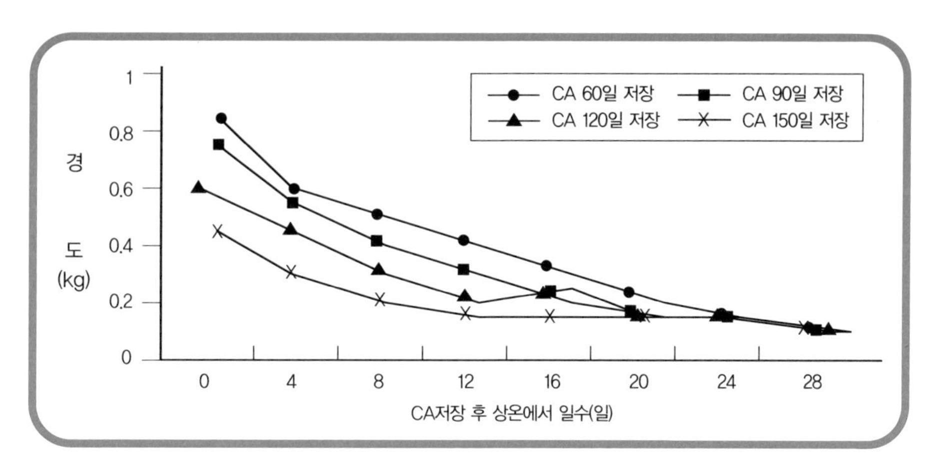

〈그림 9-4〉 CA저장 후 상온에서 후숙시 경도 변화

저장고 온·습도는 항상 일정하게 유지되게 관리한다. 전정할 때 필요하면 드라이아이스로 저장고 온도를 유지해야 한다. 온도가 불균일하면 연화과가 다발하므로 특히 유의해야 한다. 습도 유지도 매우 중요한데 저장고 습도를 유지하기 위해 바닥에 물을 뿌리고 물에 젖은 천을 활용하는 것도 효과적이다. 건조가 심하면 가습기를 이용할 수 있다.

연화과율은 강우가 많은 해, 배수불량원, 일조불량원, 과실 비대제 처리원, 미숙과나 소과, 병충해 피해과 등에서 다발하므로 저장하는 중간에 연화 정도를 보아 출하시기를 결정하는 것이 바람직하다.

수확 전 흡수나방 피해과나 상처과는 저장 1개월 후 연화되므로 저장 30~40일경 1차 점검 후 제거하고 과실 내 잠복균은 저장 2~3개월 후 연화되므로 이때 2차 점검 후 제거하여 다른 건전과 저장력을 증진시킨다.

겨울철 외기가 1~3℃일 때 저장고를 2주 단위로 배풍하면 저장고 에틸렌 농도와 병원균 밀도를 낮출 수 있어 효과적이다.

◆ 저장 중 품질저하 요인

참다래는 수확 후 저온저장 중 시간이 경과하면서 연화된다. 연화 정도는 저장조건을 달리함으로써 다소 지연시킬 수 있다. 과실 경도는 저장 1~2개월간 급격히 감소하는데 이는 전분이 당으로 가수분해되는 시기와 일치한다.

CA저장시 전분이 당으로 전환되지 않으면서 연화 속도가 지연된다. 과실을 다소 빨리 수확해서 저장하면 연화 속도는 지연되나 식미가 저하된다. 과실 연화 속도 지연은 장기저장을 위해 필요한데, 전분분해효소와 에틸렌 대사의 관련성 연구가 필요하다.

▷ 에틸렌 반응

참다래는 에틸렌에 매우 민감하게 반응하므로 0.01ppm 이하에서 저장을 요한다. 0~0.05ppm 에틸렌 농도에서 농도가 증가할수록 후숙이 촉진된다. CA저장에서도 에틸렌은 연화를 촉진하고 에틸렌 연화와 관련된 과심부 회백색증상이 나타나기도 한다. 연화 반응은 에틸렌 처리 시간과 농도, 과실성숙 정도에 영향을 받는다.

▷ 물리적 상처

과실이 6kg 정도의 상처를 받으면 호흡량과 에틸렌 발생량이 증가해 연화가 촉진된다. 운송이나 수송 중 진동에 의해 생긴 내부 상처를 유기하면 표피부위에서는 상처가 발견되지 않을지라도 에틸렌 발생량을 크게 증가시킨다.

과육 상처는 수침상을 나타내나 갈변은 일어나지 않는데 이는 낮은 폴리페놀함량과 낮은 PPO 활성, 높은 비타민 C 때문이다. 반면 상처부위로 병원균이 침입해 에틸렌 발생량을 증가시켜 연화와 함께 부패율을 증가시킨다.

▷ 수분손실

참다래는 90% 이하 상대습도에서 수분손실이 발생하는데, 상대습도가 낮을수록 심하게 발생한다. 저장고를 환기할 때 송풍속도가 빠르면 수분손실이 많아진다. 일사병 과실의 수분손실률은 일반과실에 비해 25~50% 더 높고 상처과도 수분손실률이 높다. 0.02~0.04mm PE필름이나 PE필름백은 저장이나 유통 중 수분손실을 감소시킨다.

◆ 생리장해

▷ 과심 경화(Hard core)

과육은 연화되나 과심은 연화되지 않는 증상이다. 이 증상은 저온에서 16주 이상 저장하거나 14~20% 고농도 이산화탄소 조건에서 발생된다. CA저장에서 8% 이산화탄소와 15~20% 이산화탄소 조건에서 24주 이상 저장하면 불균일한 과실 후숙과 함께 이러한 증상이 발생된다.

▷ 과육 투명증상(Pericarp translucency)

저온과 CA저장 후 후숙 과정에서 주로 발생한다. 과정부 외과피 부위가 투명해지면서 과정부위로 확대된다. 뉴질랜드에서도 저온저장이나 CA저장에서 14% 이산화탄소 조건에서 이 같은 내부 괴사증상이 보고되었다. 3~7% 이산화탄소 CA저장에서 이런 증상은 감소되나 0.5ppm 정도 에틸렌에서는 증가한다.

▷ 과육 회색증상(Pericarp granulation)

과육 회색증상도 과정부 부위에서 발생되어 조직내부로 확대된다. 캘리포니아와 뉴질랜드에서 저온저장할 때 발생하는 것으로 보고되었는데, 저장기간이 길수록 상온에서 후숙시 발생률이 증가한다. 과육 투명증상과 이 생리장해는 상호 관련성이 없다. CA저장이나 저온저장 중 발생률은 차이가 없고 저장 중 0.5ppm 에틸렌 처리는 이러한 증상을 증가시킨다.

▷ 과심 수침증상(white-core inclusion)

이 증상은 CA저장 중 에틸렌 함량과 관련이 밀접한데 이산화탄소와 에틸렌이 상호작용해서 전분대사를 방해하기 때문이다. 저장 6~8주 동안 당도는 증가하나 전분 함량이 감소하면서 후숙된 과심이 회색으로 변색된다.

생리장해 발생률은 에틸렌 농도에 영향을 받는데 유기농도는 0.5ppm 수준이며 이산화탄소 농도 5% 이상에서 발생률이 증가한다. 그러나 저장온도에는 별다른 영향을 받지 않는다.

▷ 부패과 발생

발병률이 가장 높은 잿빛곰팡이병은 상처부위가 감염되거나 생육기 과수원에서 감염되어 부패되는데, 특히 연화되면서 발생률이 높아진다. 병원균은 대부분 6~8월 생육기에 감염되어 부패를 유기한다. 따라서 예냉, 저온저장을 통한 경도유지가 중요하다. 저장 중 축부병, 연부병 등 부패병도 생육기에 과수원에서 감염되기 때문이다.

참다래 후숙(연화)의 기작

참다래는 수확과 함께 연화가 진행되는데, 연화 속도는 과실의 소질과 저장조건에 영향을 받는다. 대부분의 과실류 저장에서 볼 수 있듯이 참다래도 저장초기에 심하게 연화되는데 이는 수체 분리에 따른 스트레스가 세포벽의 물리, 화학적 특성에 영향을 미쳤기 때문이다.

저장 중 참다래 경도는 2회에 걸쳐 급격히 저하되는데, 이때 특징적인 것은 경도저하와 함께 전분 함량이 급감하는 것이다. 전분 함량이 급격히 감소하면서 당 함량이 크게 증가하여 식용상태가 된다. 연화와 전분 함량 사이에는 음의 밀접한 상관관계가 있는데, 이는 전분 분해효소가 연화를 일부 조절하는 것으로 추정된다.

수확 시기가 늦으면 연화가 촉진되는데 이는 성숙도가 진전되어 과실내부에 에틸렌이 축적된 결과다. 에틸렌 처리는 연화를 촉진하는데, 특히 전분이 많이 축적된 과심의 경도를 저하시키는 사실로 보아 에틸렌이 일부 전분 대사에 관여하는 것으로 추정된다.

자연 상태에서 후숙한 과실보다 에틸렌 처리로 후숙한 과실이 당도가 더 높다는 사실을 보면 일정 농도 이상의 에틸렌은 후숙시 전분대사에 영향을 미치는 것으로 생각된다.

연화는 세포벽 구성성분인 펙틴의 가수분해 결과인데, 전분대사 효소와 에틸렌대사 효소가 세포벽 구성물질의 가수분해에 주요 역할을 하는 것 같다. 세포벽은 섬유질과 펙틴으로 구성되었는데 그중에서도 펙틴 함량이 가장 높다. 세포벽은 매우 단단하나 분해 전 종이가 물을 먹으면 부풀 듯 부풀면서 PE효소(pectinesteras)가 펙틴의 사슬을 끊어 분리한다.

PE효소의 활성은 세포벽이 두꺼울 때 강한데 참다래도 이 효소의 활성은 수확과에서 높은 반면 후숙과에서는 매우 낮다.

PE에 의해 펙틴이 분리되면 펙틴을 구성하는 당인 갈락토오스(galactose), 우론산(uronic acid), 람노스(rhamnose) 등이 효소에 의해 분해되면서 이들 함량이 줄어들면서 경도도 급격히 감소한다. 저장 중기 베타 갈락토시데이즈(β-galactosidase) 효소의 활성이 높아지면서 갈락토오스가 소실되는데 후숙되면 세포벽의 전체 갈락토오스 가운데 70% 내외가 소실되며 소실량은 4일마다 600~900ug이다.

우론산 함량도 저장 중 경도저하와 함께 크게 감소하는데 이는 폴리갈락튜로나제(polygalacturonase, PG) 활성이 증가하기 때문이다. 이들 효소의 활성은 온도에 의존하는데 최적온도는 20℃ 내외다.

저온보다 상온에서 연화가 빨리 진행되는데 이는 전분 분해효소의 활성 증가, 에틸렌의 노화촉진과 세포벽 분해효소의 메신저 역할, 세포벽 분해효소의 활성 등이 상호작용한 결과다. 따라서 이들 효소의 활성이 높아지지 않게 관리해야 한다.

연화과 유통을 위한 에틸렌 처리

국내산 과실은 대부분 시설에서 재배하기 때문에 식미와 품질 면에서 외국산보다 떨어진다. 최근 간편성과 기능성을 갖춘 과실을 중심으로 소비량이 증가하고 있는데 참다래는 구입 후 보통 20일간 두었다가 후숙되면 먹는다. 집에서 후숙할 때 건조로 과육이 단단해지기도 하고 병원균 감염으로 부패과가 발생해 손실률이 크다. 또 핵가족화로 소비량이 줄어 1~3kg 소포장 단위로 유통되고 있다.

〈그림 9-5〉 후숙 전 에틸렌 처리 장면

소비자들의 요구에 부응하기 위해 에틸렌 처리를 통한 후숙과 유통체계 구축 필요성이 증가하고 있다. 참다래를 20L 유리병에 넣고 100ppm 에틸렌 가스를 24시간 처리한 다음 유통 중 품질변화를 살펴보았다.

후숙에는 2일이 소요되었고 식미는 처리 6일에 최대치에 도달해 상온에서 유통하는 것보다 후숙기간을 현저히 앞당겼다.

후숙 균일도 면에서도 처리과는 균일한 후숙 경향을 보여 식미에서 균일한 맛을 나타냈다(〈그림 9-6〉). 에틸렌 처리할 때 에틸렌 발생량이 증가하면서 후숙되는 경향을 보였는데 이때 ACC, ACC 합성효소와 ACC 산화효소의 활성도 증가하여 에틸렌 처리는 내생에틸렌의 발생량을 현저히 증가시켰다(〈그림 9-7〉, 〈그림 9-8〉).

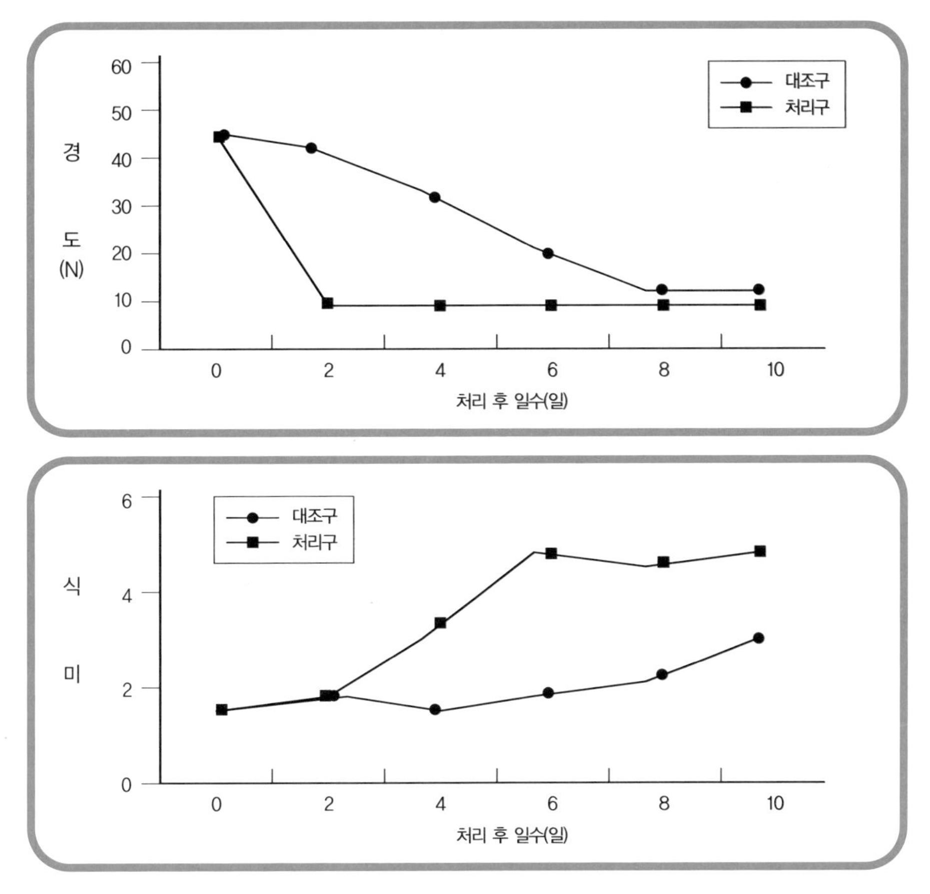

〈그림 9-6〉 에틸렌 처리과 후숙 중 경도와 식미 변화

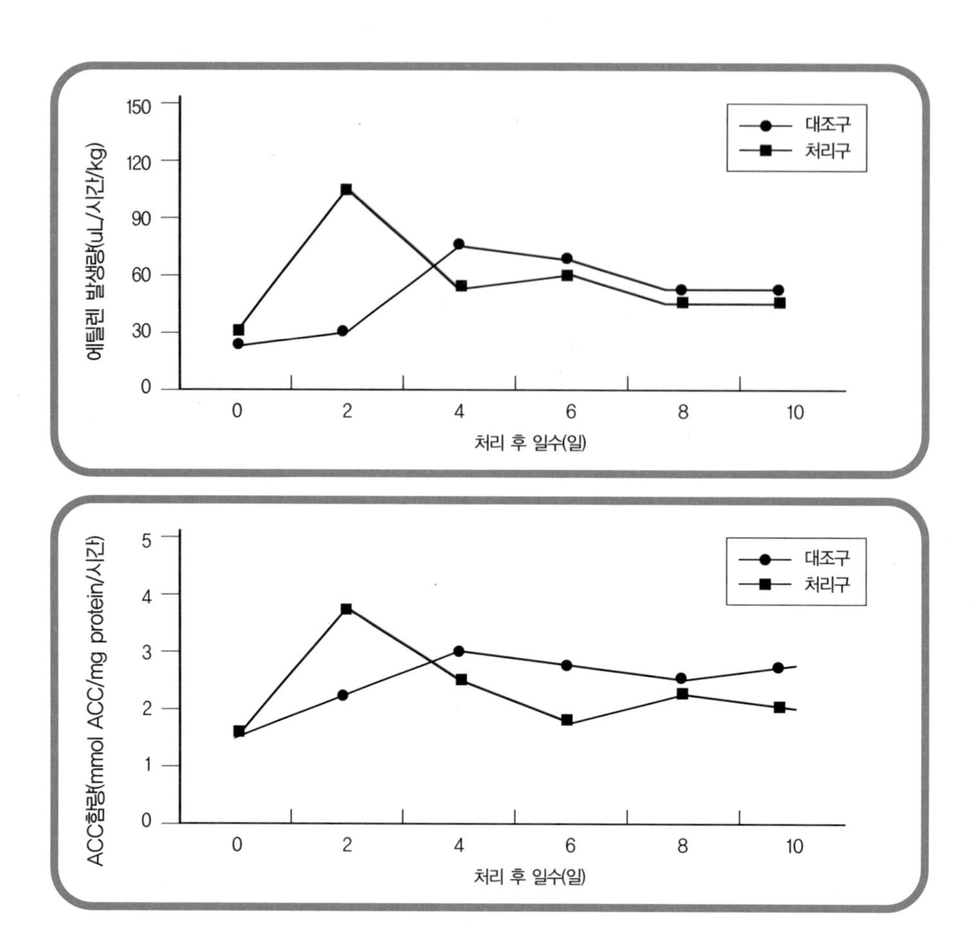

〈그림 9-7〉 에틸렌 처리과 후숙 중 에틸렌 발생량과 ACC 함량

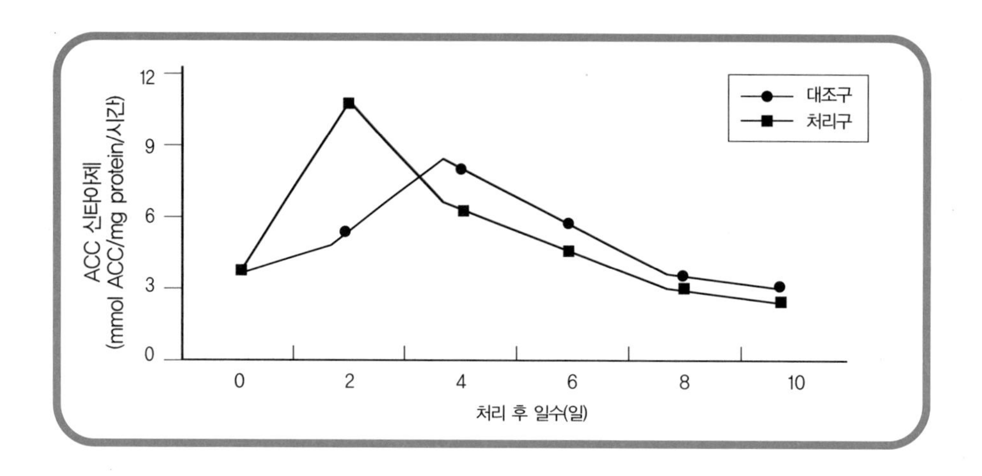

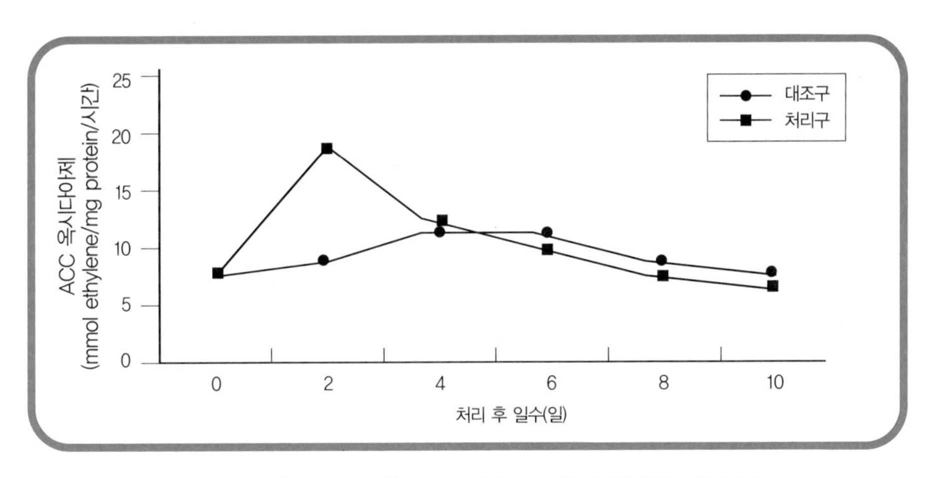

〈그림 9-8〉 에틸렌 처리과 후숙 중 ACC 신타아제와 ACC 옥시다아제 활성

에틸렌 처리과에서 전 페놀 함량은 후숙 6일부터 크게 증가해 186.9mg에 도달했으나 대조구는 120.4mg으로 변화가 없었다. 항산화 활성도 처리구에서 크게 증가해 166.2를 나타냈으나 대조구는 82.4로 현저히 낮았다. 항산화 활성은 전 페놀 함량과 관련성이 밀접한데, 에틸렌 처리는 페놀 함량 증가로 항산화 활성을 현저히 증가시켰다(〈그림 9-9〉).

유기농 과실과 관행재배 과실의 페놀 화합물 함량과 항산화도 활성을 조사한 결과 지난 3년간 전 페놀 함량은 관행재배 과실 176~192mg, 유기농 재배 과실 182~188mg/생체 중 100g으로 별 다른 차이가 없었다(〈표 9-14〉). 항산화도도 관행재배 20~27로 유기농의 22~25와 차이를 나타내지 않아 유기농 과실에서 기능성 증진 효과는 없는 것으로 나타났다. 결과적으로 관행재배와 유기농 재배한 과실에서 에틸렌 처리시 생리활성인 항산화도, 전자공여능, 아질산소거능, ACE 저해제 활성은 차이점 없이 비슷한 수준을 나타냈다.

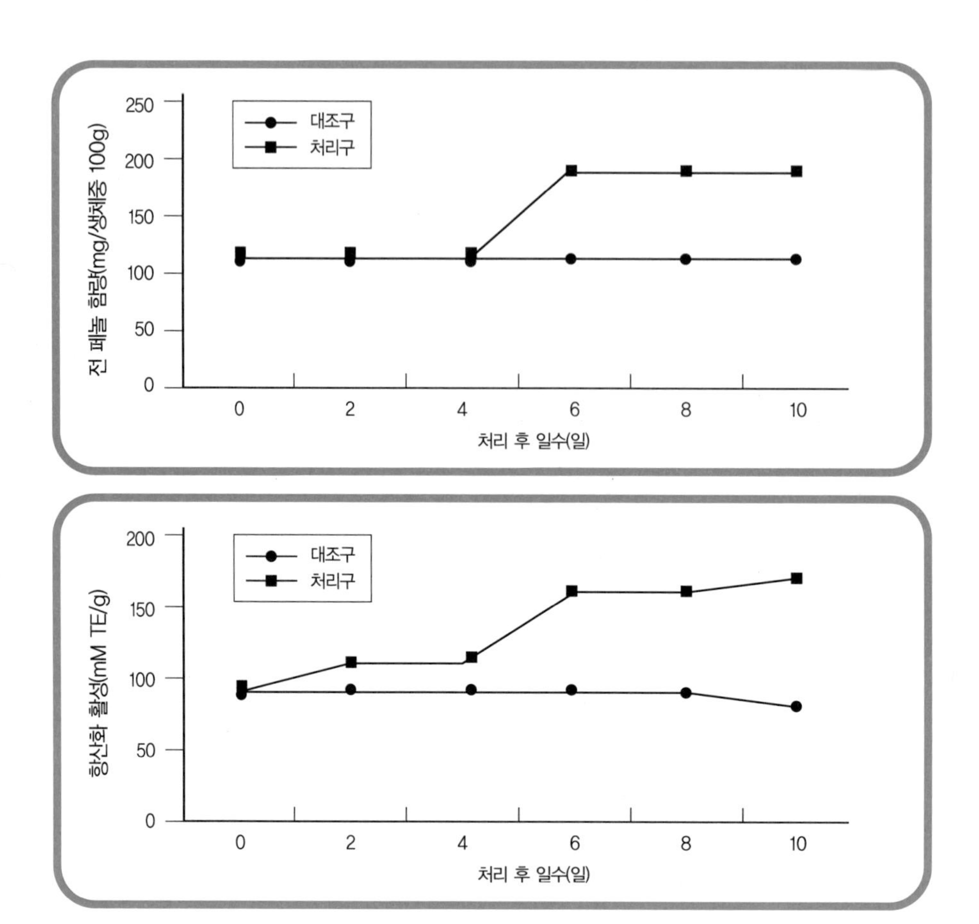

〈그림 9-9〉 에틸렌 처리과 후숙 중 전 페놀 함량과 항산화 활성

〈표 9-14〉 관행재배 과실과 유기농 재배 과실의 페놀 함량과 항산화 활성 비교

연 도	조사항목	관행재배	유기농
2005	전 페놀 함량(mg/100g 생체중)	180	182
	항산화도(ABTS)	24	23
2006	전 페놀 함량(mg/100g 생체중)	176	186
	항산화도(ABTS)	20	22
2007	전 페놀 함량(mg/100g 생체중)	192	188
	항산화도(ABTS)	27	25

〈표 9-15〉 관행재배 과실과 유기농 재배 과실의 생리활성도 비교

	항산화 활성	전자공여능(%)	아질산소거능(%)	ACE저해효소(%)
관행재배	27	77.6	58.0	83.4
유 기 농	25	74.2	56.8	87.4

우리나라도 조생종 품종을 중심으로 육종 연구를 수행해 일부 품종이 육성되어 과수원에서 재배되고 있다. 육성된 대흥, 해남품종의 저장기간이 저온저장에서 각각 70, 80일이라서 대량 재배보다 헤이워드 틈새용으로 재배하는 것이 바람직하다. 반면 골드키위의 저장력은 헤이워드와 비슷하게 140일이다.

〈표 9-16〉 참다래 신품종의 저온저장 기간

구 분	품 종					
	헤 미	대 흥	해 남	비 단	골드키위	헤이워드
저장기간(일)	60	70	80	100	140	180

패킹하우스의 필요성

참다래는 저장, 유통기간이 길고 부가가치가 높아 국제간 교역이 활발한 과실이다. 국제적 과실인 참다래가 경쟁력을 갖추려면 가격과 품질 경쟁력이 있어야 한다. 이를 위해 높은 재배기술, 수확 후 일관작업이 가능한 패킹하우스(packing house), 선진화된 유통, 저장시스템 등을 통한 품질의 고급화, 단일화된 수출체계, 해외시장 홍보 등이 뒷받침되어야 한다.

이 중 패킹하우스는 선별, 포장, 위생안전 등을 과학적 · 체계적으로 진행해 저장, 유통 중 장기간 고품질을 유지하는 것은 물론 농가의 토질 성분과 기후, 병충해 이력 등을 데이터화해 관리하는 효율적 생산과 유통에 반드시 필요하다.

10장

이용과 가공

10 이용과 가공

과일의 특성

참다래는 종류가 많고, 종류에 따라 맛과 모양, 성분에 차이가 있지만 대부분 비타민 C 함량이 많고, 연육제 성분을 포함하고 있으며, 횡단면이 아름다운 특성이 있다.

◆ 비타민 C 함량이 많다

헤이워드 과실에는 평균 66mg/100g의 비타민 C가 포함되어 있다. 따라서 중형의 과실을 1개만 먹어도 하루 동안 필요한 비타민 C를 섭취할 수 있다. 비타민 C 함량은 재배조건, 산지나 수확연도, 기상조건 등에 따라 차이가 있지만 일반적으로 〈표 10-1〉과 같다.

〈표 10-1〉 참다래의 종류에 따른 비타민 C 함량

품 종 명	비타민 C 함량 (mg/100g)	헤이워드를 100으로 했을 때(%)	과일 1개 무게(g)	과일 1개당 비타민 C 함량(mg)
헤이워드	66	100	99	65
브루노	80	122	101	81
아보트	29	45	71	21
향록	40	61	102	41
골드	104	158	104	108

◆ 비타민 E 함량이 많다

과실 중 비타민 E의 함량은 1.3mg/100g으로 다른 과일에 비해 아주 많다.

◆ 강한 항산화 작용을 한다

활성산소는 산소라디칼에 의해 산화적 손상을 초래함으로써 독성을 나타내어 암 등 다양한 질병을 유발하는데, 참다래는 암 등 질병 예방에 효과적인 항산화 효과가 높다.

◆ 식이섬유가 풍부하다

참다래 중에는 식이섬유가 2.5g/100g 함유되어 있어 변비에 효과적이다.

◆ 아질산염 소거 효과가 높다

식품의 가공과 저장에 널리 이용되는 아질산염이 단백성 식품이나 의약품, 잔류농약 등에 존재하는 2급 및 3급 아민 등의 아민류와 반응하여 니트로사민

(nitrosamine)을 생성한다.

이 니트로사민을 일정 농도 이상 섭취하면 혈액 중 헤모글로빈이 산화되어 메트로헤모글로빈을 형성하여 각종 질병을 일으키는 것으로 알려지자 이에 대한 생성억제 방법이 모색되고 있는데, 참다래는 아질산염 소거 효과가 높다.

◆ 단백질 분해효소가 있다

▷ 악티니딘

참다래는 단백질 분해효소인 악티니딘(actinidin)을 함유하고 있어 연육효과가 있다. 악티니딘은 참다래 과실에 포함되어 있는 단백질 분해효소(프로테아제)로 과즙의 단백질 중 가장 중요한 성분이다.

참다래 과실에 단백질 분해효소가 포함되어 있다는 것은 경험적으로는 잘 알려진 사실이지만 아쿠스(A.C. Arcus)가 1959년에 악티니딘이라는 이름을 붙였다. 이 명칭은 참다래의 속명 액티니디아(Actinidia)에서 유래했다.

IUBMB(International Union of Biochemistry and Molecular Biology)의 Enzyme Nomenclature List에 따르면 악티니딘(Actinidain)이라는 명칭이 사용되었기 때문에 생화학이나 분자생물학 영역의 논문이나 학회 발표에서도 이 명칭이 일반적으로 사용된다. 그러나 원예학, 식품과학 및 의학영역의 학회발표나 논문에서는 Actinididain보다도 Actinidin이라는 명칭이 폭넓게 사용된다.

▷ 악티니딘의 활성 조건

① 최적 pH : 악티니딘의 최적 pH는 인공기질을 사용하는 경우에는 pH 6.0~6.5, 젤라틴이나 근원섬유 단백질을 기질로 한 경우에는 pH 4 정도다. 자기소화(自己消化)는 일어나지 않기 때문에 상당히 안정적이다.

② 최적 온도 : 악티니딘의 최적 온도는 측정 조건에 따르면 60℃ 전후가 좋

은 것으로 나타났다.

③ 기타 활성 조건 : 악티니딘은 알코올(에탄올)을 포함한 조건에서 상당히 활성을 나타내며, 참다래 내에서는 과심부보다도 내, 외과피에 풍부하게 존재한다. 그중에서도 악티니딘이 내과피에 비해 외과피에 풍부하게 존재하는데, 이는 내과피에 종자가 많이 있는 데 비해 종자에는 악티니딘이 함유되어 있지 않기 때문인 것으로 추정한다.

◆ 과육색과 횡단면이 아름답다

과육의 색이 신선한 녹색을 나타내는 종류가 많다. 과일을 먹기 위하여 횡단면으로 자르면 아름다운 색깔과 모양이 나타난다. 이는 요리나 디자인의 재료로 중요한 요소다. 요리책 등에 참다래가 자주 등장하는 것은 이 때문이다. 게다가 시간이 흘러도 절단면이 사과나 바나나같이 갈변(갈색이나 흑색으로 변색하는 현상)하지 않는다.

〈그림 10-1〉 참다래의 횡단면

◆ 과일 표면에 털이 있다

과일 표면에 털이 없는 품종도 있지만 대부분 털이 있다. 가공하기 위하여 대량으로 껍질을 벗기는 경우에는 털이 없는 품종을 사용하는 것이 좋다.

◆ 후숙이 필요하다

▷ 후숙

참다래는 과실이 나무에 달려 있는 상태에서 익기 어렵기 때문에 수확 후 에틸렌으로 후숙시킨다. 수확 직후의 미숙한 과실은 감자와 같이 딱딱하고 하얀 전분이 다량 포함되어 있어 과육색이 하얗게 보이기도 한다. 이때 먹으면 상당히 시고, 섬유가 밀집해 있어 먹기 곤란하다.

이 미숙과를 후숙하면 전분이 분해되어 아름다운 녹색으로 변한다. 이에 따라 당도가 상승해 단맛도 증가한다. 다만, 후숙이 지나치면 클로로필이 분해되면서 과육의 색이 나쁘게 되므로 참다래를 먹을 때는 숙도(熟度) 판정이 매우 중요한 요인이 된다.

▷ 후숙방법

익은 과실은 수송에 약하고 또 너무 익으면 상품가치가 떨어지기 때문에 슈퍼마켓 등에서는 조금 덜 익은 과일을 판매한다. 가정에서 이것을 구입하면 건조를 방지하기 위해 비닐봉지에 넣어 실온에 두는 것이 좋다.

품종에 따라서는 후숙시 실온이 높으면 연부병(軟腐病)이 나타나기 쉬우므로 가능하면 20℃를 넘기지 않게 한다. 사과나 바나나를 봉지에 함께 넣어두면 이것들이 에틸렌을 내뿜어 후숙이 빨리 진행된다. 표면을 손가락으로 눌러보아 조금 들어갈 정도로 부드럽게 되면 냉장고에 저장하거나 식용한다.

◆ 연중 구입할 수 있다

참다래가 많이 생산되는 뉴질랜드나 칠레는 남반구에 위치한 반면 우리나라는 북반구에 있어 계절이 반대이기 때문에 연중 구입이 가능하다.

◆ 저장성이 우수하다

조금 미숙한 것을 냉장고에 넣어두면 수개월 동안 보존할 수 있다.

◆ 사람에 따라 알레르기를 일으킨다

참다래는 일부 사람들에게 음식 알레르기를 일으킨다는 보고가 있다. 현재까지 알레르기 유발성에 대한 조사가 충분히 진행되어 있는 것은 보통의 녹색계 참다래(헤이워드종)와 황색계 골드 참다래다.

베이비 참다래에 대해서는 약간의 보고가 있지만 다른 품종에 대해서는 알레르기에 관한 정보가 없다. 참다래 알레르기가 있는 사람은 다른 품종도 식용하지 않는 것이 좋다. 알레르기에 대해 현재까지 알려진 것은 다음과 같다.

- 보통의 참다래(헤이워드), 골드, 베이비 참다래 어느 것이든 음식 알레르기의 원인이 된다.
- 보통의 참다래에 알레르기를 일으키는 사람은 골드 참다래에도 알레르기를 일으킬 위험이 있다.
- 골드 참다래에 특이적인 알레르기도 있기 때문에 이론적으로는 보통의 참다래에 알레르기를 나타내는 사람도 골드에 알레르기를 나타낼 가능성이 있다(실증된 것은 아니다).
- 참다래에 알레르기를 일으키는 사람은 호밀, 호두, 바나나에 대해서도 알레르기를 나타낸다.
- 헤이워드나 베이비 참다래 알레르기 유발성은 가열하면 현저히 약해지지만 완전히 소실되지는 않는다. 그러므로 참다래에 알레르기 반응이 있는 사람들은 참다래 잼 등 가공품을 식용할 때 주의해야 한다.

◆ 수산칼슘의 결정을 함유한다

이형세포(異形細胞)에 수산칼슘의 침상결정속(針狀結晶束)이 포함되어 있다. 이것은 먹을 때 구강(口腔)자극의 원인이 된다.

고르기와 식용

◆ 고르기

- 참다래는 여러 맛이 나는 독특한 과일로 새콤한 맛을 좋아하는 사람들은 약간 말랑한 것을 고르고, 달콤한 맛을 좋아하는 사람들은 과일 전체가 균등하게 말랑말랑한 것을 고르는 것이 좋다.
- 전체적으로 윤기가 나고, 표면의 잔털이 고루 분포되어 있으며, 손에 쥐어 보았을 때 느낌이 균등한 것을 고른다.
- 과일은 대부분 딱딱한데 한 곳만 물렁한 것은 그 부분이 상했다는 증거이므로 주의한다.
- 참다래는 저장성 후숙과일이므로 단단한 것을 구입해 냉장고에 보관해두고 먹을 수 있다.

◆ 식용과 보관

▷ 맛있게 먹는 방법

① 먹는 시기 : 딱딱한 참다래는 신맛이 강하므로 후숙해서 먹는 것이 좋다. 딱딱한 참다래를 20℃ 전후의 온도에서 수확 직후(11월 상순) 구입한 것은 20일 정도, 1~2월에 구입한 것은 15일 정도, 3~6월에 구입한 것은 5~10일 정도 후숙하면 말랑말랑해진다. 말랑말랑하게 후숙된 것은 4℃ 정도의

냉장실에 보관해두고 먹으면 맛있다.

② 껍질 벗기기 : 참다래는 대개 껍질을 벗겨서 잘라먹는다. 가지에서 떼어낸 부분은 심이 있어 딱딱하므로 칼을 집어넣어 심을 도려낸다. 그다음 세로로 껍질을 벗겨내고 잘라 먹는다.

③ 숟가락으로 먹기 : 참다래 본고장인 뉴질랜드 사람들이 많이 이용하는 방법이다. 잘 익은 과일을 껍질째 반으로 자른 다음 과육을 숟가락으로 떠서 먹으면 된다.

◆ 보관

참다래는 완전히 익은 뒤 수확하는 과일이 아니라 기준 당도에 이르면 수확한 다음 익혀서 먹는 후숙과일이다. 후숙과일은 온도를 잘 맞추면 오랫동안 보관할 수 있고, 그 방법도 아주 간단하다.

0℃ 정도의 차가운 곳에서 적절한 습도만 유지해주면(가정에서는 비닐봉지에 넣어서 보관할 때 습도를 유지하기가 쉽다) 한 달 정도 보관할 수 있고, 일반 가정에서도 냉장고에 넣어두면 오랫동안 보관할 수 있다. 딱딱한 것은 종류에 따라 비닐봉지에 담아 수개월에서 1년 정도까지도 보관할 수 있는데, 장기간 보관할 때는 다른 과일과 닿지 않도록 분리해서 보관한다.

수액의 이용

◆ 의의

우리 조상들은 오랜 옛날부터 건강을 증진할 목적으로 곡우기(양력 4월 10일) 전후에 다래 수액을 채취하여 마셨다. 참다래 수액에는 상대적으로 칼슘이 많이 들어 있고, 칼륨, 마그네슘 등 무기물과 17종의 아미노산이 함유되어 있으며, 기능성 물질이 들어 있다는 사실이 밝혀지고 있다. 그러므로 참다래 수액은 건강증진에 좋고 참다래 농가의 수익구조를 다양화하는 데 도움이 될 것이다.

◆ 채취

수액은 4월 초순이나 하순보다는 3월 중순에 채취하면 다소 많은 양을 채취할 수 있다. 수액의 양은 10년생 참다래나무당 10L 내외를 채취하면 수체생장이나 과실 품질에 영향을 미치지 않으므로 10L 내외를 채취하는 것이 좋다. 수액의 품질은 3월보다 4월에 채취했을 때 향상된다.

◆ 채취방법과 이용

수액 채취는 유기농 재배를 한 참다래나무를 대상으로 하여 주지 연장지상에서 지름 1cm 정도 되는 가지를 절단한 뒤 비닐 튜브 등을 통해 흘러내리도록 하되 튜브에 고인 수액이 12시간 이상 되지 않게 한다(〈그림 10-2〉).

〈그림 10-2〉 참다래 수액을 채취하기 위해 비닐관을 전정가지에 연결해놓은 모습

〈그림 10-3〉 목포대학교 참다래사업단에서 음료로 개발한 참다래 수액

수액은 채취 후 갈변되거나 세균감염 등의 문제가 생길 수 있으므로 가능한 한 채취 직후 음용하거나 저온에 보관해두고 3일 이내에 음용하는 것이 좋다. 신선한 수액을 도시 소비자들에게 공급하거나 유통기간을 늘리기 위해서는 음료로 제조하여 이용하는 것이 좋다(〈그림 10-3〉).

가공

참다래 가공상품은 1970년대 초반 뉴질랜드에서 등장했다. 수출 및 상품과로 출하되지 못한 규격미달 과실을 이용하기 위한 방안으로 다양한 가공법을 개발한 것이다.

그런데 참다래 가공시 문제점은 일반 과실의 엽록소 구조나 채소류(pH 7)와는 달리 산도가 강산성(3.4)으로 산의 촉매작용이 일어나면 엽록소가 노란갈색을 나타내는 Phaeophytim으로 전환되고, 투명한 용기에 담긴 과육 내 엽록소는 광산화를 겪거나 열처리에 의해 엽록소 손실이 일어난다. 또 열처리 과정에서 풍미와 성분 변화가 생기고 조직 변화가 일어난다.

◆ 냉동과일

참다래를 얇게 썰어(슬라이스) 냉동해두면 여러모로 활용할 수 있다. 잘 익은 참다래를 준비하여 껍질을 벗기고 1cm 두께로 얇게 썰어 냉동하면 된다. 냉동 전에 1개당 1큰술의 레몬즙을 뿌려주면 색깔이 잘 유지된다. 냉동한 것을 이용할 때는 5분 전에 실온에 내거나, 냉장실에 15분간 둔 다음 그대로 샐러드에 넣거나 케이크에 얹을 수 있다.

과자나 디저트로 이용하려면 물과 설탕을 2 대 1의 비율로 넣어 만든 시럽에 담가 냉동하면, 해동했을 때 그 상태로 디저트가 되므로 설탕을 바른 다음 냉동하는 것도 좋다.

과실즙으로 냉동할 경우 과육 1컵에 레몬 과즙을 1큰술 넣고 걸러서 씨를 제거한 다음 냉동고에 넣어두면 케이크, 아이스크림, 음료 등 다양하게 이용할 수 있다.

참다래를 통째로 냉동할 경우 껍질을 벗기지 말고 털을 비벼서 털어버린 다음 밀폐용기에 넣어 냉동한다. 냉동된 참다래를 이용할 때는 껍질을 벗긴 다음 얼어 있는 그대로 요리나 디저트에 이용한다. 이 방법은 과육을 부숴 이용할 때 편리하다. 냉동된 참다래 껍질은 냉동고에서 꺼내 2~3초 동안 더운물에 담그면 바나나 껍질처럼 쉽게 벗겨진다.

◆ 참다래 잼

참다래는 잼 만들기에 좋은 재료다. 잼을 만들려면 껍질을 벗긴 참다래 1kg, 물엿 300g, 설탕은 기호에 맞게 준비한다. 만드는 방법은 우선 참다래를 씻은 후 껍질과 과경부의 딱딱한 부위를 제거한다.

그다음 과일을 잘게 썰거나 믹서로 분쇄한 뒤 냄비에 넣고 약한 불로 가열하며 주걱으로 으깬 뒤 물엿을 넣는다.

과실과 물엿이 잘 혼합되면서도 눌어붙지 않도록 주걱으로 저어가면서 조린다. 완성되면 기호에 따라 설탕을 넣고 불을 끈다. 잼용 참다래로는 녹색이 아름다운 헤이워드, 브루노, 몬티가 좋다. 잼을 만든 다음 곧바로 먹지 않을 때는 깨끗한 병 등에 넣은 후 냉장고에 보관한다.

장기간 보관했다 식용할 때는 냄비 등에 넣어 20분 정도 다시 졸이면서 살균한다. 참다래에 알레르기가 있는 사람은 참다래 잼도 먹지 않는 것이 좋다.

◆ 참다래 주스

완숙된 참다래 3~4개를 껍질을 벗긴 뒤 설탕(또는 벌꿀) 3~5큰술과 함께 믹서에 넣어 분쇄한다. 경우에 따라 물을 첨가했다가 약 30초 후 신속하게 거른다.

◆ 요리

참다래는 단백질 분해효소인 악티니딘을 많이 함유하여 육질을 부드럽게 하는 연육제 효과가 있으므로 갈비 요리를 할 때 참다래를 갈아서 2~3cm 두께의 고기 사이에 30분가량 두면 고기가 부드러워진다. 30분 이상 두면 고기가 퍽퍽해지므로 유의한다.

육류를 끓이거나 구운 다음 참다래를 잘라 곁들이면 색깔도 아름답고 향기도 두드러진다. 또 효소작용이 있으므로 샐러드나 디저트로 되도록 많이 이용하는 것이 좋다.

참다래 과실을 샐러드에 넣으면 상큼한 맛을 즐길 수 있다. 샐러드에 이용할 때는 껍질을 벗긴 다음 어울리게 썰어서 넣으면 된다.

참다래는 카레라이스에도 이용할 수 있는데, 채소와 고기 등 재료를 끓일 때 참다래를 넣으면 된다. 카레 5인분에 50~80g의 과실을 넣고 저으면서 함께 끓인 다음 평소와 같이 만들면 된다. 완성된 카레라이스는 맛이 산뜻하며, 참다래에 소화효소가 들어 있어 약간 과식해도 큰 문제가 되지 않는다.

◆ 침출주

침출주는 혼성주(混成酒, 리큐르)라고도 한다. 소주나 주정 알코올 45%액에 참다래 과일을 넣어 참다래 속의 주요 성분을 추출해서 마시는 술이다. 만드는 방법은 먼저 참다래 1.5～2kg을 준비해 물로 깨끗이 씻어 말려둔다. 이때 털이 많은 것은 물에 흘리면서 스펀지 등으로 문질러 없앤다.

참다래를 씻은 다음 주둥이가 넓은 병에 소주 1.8L, 참다래, 각설탕 300g을 넣는다. 이때 약간 신맛을 좋아하면 레몬 반쪽을 통째 썰어서 넣었다가 2~3일 후 꺼낸다. 병 입구는 밀봉한 다음 30일 정도 두면 참다래가 떠오르는데, 이것을 건져내면 참다래 침출주가 된다.

◆ 발효주

참다래 발효주 2L를 만들 때는 참다래 1kg과 설탕(또는 벌꿀 550g), 드라이이스트 2찻숟, 물, 아황산, 주석산(또는 500cc 레몬) 등을 준비한다. 만드는 방법은 참다래 껍질을 벗기고 믹서에 갈아 발효조에 넣는다.

과실만으로는 질척질척하므로 물을 붓고 설탕이나 벌꿀을 더하여 당도를 20~25° Brix로 조절한다. pH는 주석산이나 레몬즙을 이용해 3.2~3.4로 조절하고, 드라이이스트를 접종하여 20±1℃에서 20일 동안 알코올발효를 시킨다.

알코올발효가 끝나면 찌꺼기를 짜낸 다음 6개월간 11±1℃에서 숙성시킨 후 주석산을 제거하고 3㎛와 0.5㎛의 여과지로 여과하여 아황산 처리(50ppm)한 뒤 유리병에 담아 11±1℃에 저장하면서 이용한다.

천연염색

◆ 참다래를 이용한 천연염색의 뜻과 의의

식물은 대부분 염료로 활용할 수 있다. 참다래나무의 절지, 잎 등도 천연염료로 활용성이 높다. 천연염색은 이처럼 자연에서 나는 재료를 이용하여 염색하는 것으로 인체에 해가 없으며, 색상이 은은하고, 매염제에 따라 색상을 다양하게 낼 수 있다.

참다래 폐전정지와 낙엽을 이용할 수 있으면서도 참다래와 친근해질 수 있으며, 천연염색을 통해서 참다래를 홍보하기에도 좋다. 또 참다래 용도를 다양화하면서 창조하는 즐거움을 느낄 수 있어서 좋다.

◆ 염색재료와 도구

▷ 염재

여름과 가을에는 참다래나무 잎이 적당한데, 낙엽도 가능하다. 겨울철과 봄에는 전정하고 나서 버려지는 것을 염료로 이용할 수 있다.

▷ 도구

천연염료를 사용하기 때문에 가정에서 사용하는 조리 기구나 폐품을 활용해도 좋다. 단, 재질이나 종류에 따라서는 염색에 영향을 미치므로 염료 및 매염제, 염색 양에 맞는 가열기구, 염색통, 고무장갑 등이 필요하다. 보통 스테인리스, 법랑, 플라스틱 종류가 좋으며, 쇠붙이, 알루미늄으로 된 그릇은 그 자체가 매염제 역할을 하기 때문에 안 된다.

▷ 직물

천연염색에 이용하는 직물은 주로 천연직물로 견, 면, 양모가 염색이 잘되며, 염색 전에 끓는 물에 담그거나 세탁하여 이물질을 제거하는 것이 좋다.

◆ 색소추출

식물을 염색재료로 하는 천연염색에서 색소를 추출하는 방법에는 여러 가지가 있지만 참다래는 끓는 물을 이용해서 추출하는 것이 좋다. 추출 방법은 잎은 그대로, 줄기나 가지는 5cm 미만이 되게 잘라서 스테인리스통에 넣고 물을 부은 다음 20~40분 정도 끓이면 된다. 마른가지를 염색재료로 하여 추출할 때는 2~3회 반복 추출한다.

◆ 염색

▷ 염색방법

섬유와 물의 염액의 중량비는 1:40~1:50 정도가 적당하다. 온도는 저온에서 시작하여 천천히 올리는 것이 좋은데 대개 30~40℃일 때 섬유를 넣은 후 온도를 높여 60~80℃ 상태에서 20~60분 정도 염색한 다음 온도를 낮추면서 5분 정도 추가 염색하는 것이 좋다. 짙게 염색하고자 할 때는 염액 농도를 진하게 하기보다는 염색횟수를 반복하면 색상이 선명하고 균염성이 향상된다.

▷ 염색할 때 주의할 점

염색과 매염을 할 때는 계속해서 잘 저어주어야 얼룩을 방지할 수 있으며, 염색 후에는 충분히 씻어 통풍이 잘 되는 그늘에서 말린다. 말릴 때 섬유를 다리미로 다리면 염료 염착이 더 잘된다.

◆ 매염처리

식물성 염료는 대부분 다색성 색소다. 참다래 추출물도 여러 가지 색상이 있는데, 염색하면 여러 색깔이 한꺼번에 나타나지는 않는다. 따라서 어떤 색깔을 나타나게 하려면 어떤 물질이 있어야 하는데, 그 물질이 매염제(媒染劑)다.

매염제는 염료와 섬유가 잘 결합하도록 매개하여 염료가 섬유에 잘 붙고 잘 떨어지지 않게 견뢰도를 높이는 기능을 한다. 일반적으로 식물염색한 것은 매염처리를 하지 않으면 색이 엷을 뿐만 아니라 햇빛에 오래 노출되거나 세탁하게 되면 색이 점점 변하거나 빠지므로 색깔을 내는 것 못지않게 매염하는 것이 중요하다.

매염제는 예부터 잿물, 명반, 석회 등을 사용해왔고, 현재는 금속매염제, 알루미늄(백반), 황산철, 황산동 등 매염액(직물의 중량에 대하여 1~5%)을 만들어 염색 전후에 직물 무게의 약 50배 매염액에서 40℃, 5~20분간 매염한 후 수세건조한다. 매염방법에는 염색 전에 하는 선매염, 염색과 동시에 하는 중매염, 염색 후에 하는 후매염이 있는데, 참다래 추출물 염색에서는 후매염하는 것이 좋다.

◆ 염색한 섬유의 수세와 건조

염색하고자 하는 섬유를 염액에 담가 염색과 매염처리가 끝나면 건져서 물에 씻은 다음 건조한다. 깨끗한 물로 씻어야 선명한 색상을 얻을 수 있으며 그늘진 곳에 걸어서 말리는 것이 좋다.

◆ 염색물의 취급과 이용

참다래 추출물로 염색한 옷이나 섬유에 땀이나 이물질이 묻으면 되도록 빨리 중성세제 등을 이용하여 얼룩을 제거한다. 세탁은 손빨래보다는 드라이클리닝을 하는 것이 좋다.

세탁 후 건조할 때 직사광선에 노출되면 쉽게 탈색되므로 통풍이 잘되는 그늘에서 말린 뒤 다림질한다. 보관은 장롱이나 옷장 속에 넣어서 습기와 빛에 노출되지 않도록 한다.

〈그림 10-4〉 참다래 추출물로 염색한 옷

〈10-5〉 참다래 추출물로 염색한 천을 이용하여 장식한 보석함

압화

◆ 압화의 뜻과 의의

압화(pressed flower)는 식물체의 꽃이나 잎, 줄기를 물리적 방법 또는 약품처리를 하는 등의 인공적 기술로 눌러 건조시킨 후 회화적인 느낌을 강조하여 평면적으로 구성한 조형예술이다.

참다래는 횡단면을 자르면 과육과 씨앗이 어우러져 다른 과일에서는 볼 수 없는 아름다운 모양을 연출하는데, 이것이 참다래를 표현하는 중요한 디자인 요소다. 그러므로 참다래 과일을 잘라 건조한 후 횡단면을 압화로 이용하면 참다래의 긍정적인 이미지를 홍보하는 데 효과가 좋다.

또 참다래 꽃이나 유과로 압화 작품을 만들어 이용하면 참다래를 친숙하게 느낄 수 있도록 하고, 고급스러운 이미지를 심는 데 도움이 된다.

◆ 재료 건조

참다래 꽃을 이용할 때는 꽃이 평면으로 되게 누른다. 과일을 잘라서 횡단면을 이용하거나 한 면만 이용할 때는 휴지로 수분을 빨아들인 후 압화용 건조매트에 넣어 건조한다. 건조속도가 늦으면 갈변하므로 진공팩 등에 실리카겔을 넣고 그 안에 꽃이나 횡단면으로 자른 과일을 넣어서 말려야 변색이 적고 바르게 건조된다.

◆ 압화 작품 만들기와 이용

참다래 꽃이나 과일의 평면을 말린 것은 열쇠고리, 도자기 제품을 비롯해 각종 액세서리에 붙인 다음 수지액을 이용하여 코팅하면 손상 없이 오랫동안 활용할 수 있다. 특히 참다래 홍보물에 이용하면 화젯거리가 풍부하게 되고, 참다래를 사용함으로써 홍보가 저절로 된다.

〈그림 10-6〉 참다래를 잘라 압화하여 장식한 열쇠고리

화환재료

◆ 화환의 뜻과 의의

화환(wreath)은 꽃을 둥근 형태로 장식하는 것이다. 크게 장례용, 축하용, 크리스마스용 등으로 이용하는데, 실제적인 장식 못지않게 수업용으로 많이 제작한다. 화환이 수업용으로 많이 이용되기 때문에 산채된 절지들이 화환제작용 재료로 유통되는데, 이들 재료를 참다래나무 폐전정지로 대체하면 참다래 농가 소득증대에 기여할 것이다.

◆ 폐전정지 발생량

우리나라에 식재되어 있는 참다래나무 중 90%에 해당하는 헤이워드의 동계 전정시 발생하는 전정가지 양은 150cm 길이를 기준으로 할 때 3~5년생이면 지름 2~3cm 굵기 가지는 10~13개, 지름 4~5cm 굵기 가지는 1~2개 정도 나온다(〈표 10-2〉).

가지의 지름 굵기가 2~3cm인 것은 15년생 이하 나무에서는 평균 11개 정도 나오고, 16년 이상 된 나무에서는 오히려 줄어든다. 반면 지름 굵기가 4~5cm인 가지는 10년생 미만 나무에서는 8개 이하의 전정가지가 발생하는 반면 16~20년생 나무에서는 15~16개의 전정가지가 나와 수령이 많을수록 굵은 가지 발생량이 많다.

참다래 농장 10a당 전정가지 발생량은 현재 10a당 평균적으로 40주가 식재되어 있는 점을 감안할 때 11~15년생의 경우 지름 2~3cm인 것이 40~48개, 지름 4~5cm인 것이 40~48개로 총 80~96개가 발생하는데, 이것들을 농장주변에 방치해두거나 소각하는 실정이다.

〈표 10-2〉 참다래나무 헤이워드 1그루당 동계전정시 발생하는 전정가지 수량

가지 지름(cm)	전정가지 개수(150cm 길이 기준)			
	3~5년생	6~10년생	11~15년생	16~20년생
2~3	10~13	10~12	10~12	7~8
4~5	1~2	5~8	10~12	15~16

◆ 화환제작시 절지의 필요량

화환의 지름이 30cm이면 10~20cm 길이, 50cm이면 21~30cm 길이, 76~120cm이면 31~40cm 길이의 절지가 주로 사용된다(〈표 10-3〉). 화환의 크

기에 따라 필요한 절지의 수량이 달라 가장 많이 사용된 절지 길이를 기준으로 할 때 지름 30cm짜리 화환에는 10~20cm짜리 절지가 30여 개 정도 필요하며, 지름 76cm 화환에는 31~40cm짜리 절지가 75개, 지름 120cm 화환에는 31~40cm짜리 절지가 130개 정도 필요하다.

이와 같이 소요된 수량을 〈표 10-2〉에서 생산된 수량으로 환산해보면 11~15년생 나무에서 150cm 길이의 전정가지가 20~24개 발생하므로 전정된 절지의 총길이는 3,000~3,600cm가 된다. 따라서 지름이 76cm인 화환은 31~40cm짜리 절지가 75개 정도 소요되므로 총 소요길이는 2,325~3,000cm가 되기 때문에 참다래나무 1개의 전정가지로 지름 76cm 화환 1개를 만들 수 있어 이것들을 화환용으로 유통시키면 농가 소득에 도움이 될 것이다.

〈그림 10-7〉 참다래 폐전정지를 이용하여 제작한 화환

〈표 10-3〉 화환의 크기에 따라 많이 사용하는 절지의 길이와 소요량

화환지름(cm)	많이 사용하는 절지의 길이(cm)	소요량(개수)				
		참다래나무	화살나무	말채나무	느티나무	삼지닥나무
30	10~20cm	30	18	25	60	23
50	21~30cm	60	30	35	92	40
60	31~40cm	50	25	37	95	35
76	31~40cm	75	60	60	110	57
100	31~40cm	110	75	95	135	71
120	31~40cm	130	100	110	165	103

11장

유통과 발전방향

11 유통과 발전방향

✾ 주요 국가의 현황과 전망

◆ 뉴질랜드

세계적으로 참다래 재배강국인 뉴질랜드는 땅이 좁고 인구가 적어 공업화 대신 농업부문에 집중 투자한 결과 농·축산업 분야에서 선진국에 올라섰다. 과실류 중에서는 사과와 참다래가 세계적으로 경쟁력을 갖추고 있다.

뉴질랜드는 생산된 참다래의 80%를 우리나라와 일본, 유럽에 수출하는데, 이는 발달된 재배기술, 수확 후 일괄 작업이 가능한 패킹하우스, 선진화된 유통과 저장시스템 등을 통한 품질 고급화, 단일화된 수출체계 및 해외시장 홍보 등에서 강점을 갖고 있기 때문이다.

뉴질랜드산 참다래는 해마다 우리나라에 3~4만 톤 내외가 수입되는데, 가격 면에서는 국산 과실과 대등한 수준이나 품질 면에서는 120%로 우위에 있다. 유통 면에서도 단일유통체계를 구축하고 있는데 '제스프리' 는 세계적인 참다래 유통업체로 홍보분야에도 투자를 많이 한다.

우리나라 소비자들이 참다래의 우수성을 알게 되어 소비량이 증대된 데는 제스프리 사가 참다래를 적극적으로 홍보하고 마케팅을 전개한 점이 크게 작용했다. 하지만 뉴질랜드산 참다래도 이제 저가 공세를 펼치는 미국과 칠레, 이탈리아산에 위협을 받고 있는 실정이다.

◆ 미국

농업분야에서는 미국이 세계 최대 강대국인데, 미국 내에서도 캘리포니아는 가장 큰 경쟁력을 갖춘 지역으로 평가받고 있다. 길이 750km, 폭 100km 내외에 이르는 중앙 캘리포니아 밸리 지역은 6개 생산단지로 구분되어 있는데, 지역마다 특색 있는 과실과 채소류를 생산해 미국 내 소비량의 40% 내외를 충당하고 생산량의 20% 내외는 수출하고 있다.

그중 최근 우리나라에 수출됨으로써 문제가 된 것이 오렌지다. 현지에서 1월 말에 수확해 2~5월에 걸쳐 유통되는 오렌지는 감귤류뿐만 아니라 국내산 딸기, 토마토, 저장 과실의 가격을 폭락시켰다. 우리가 앞으로 이에 적극 대처하지 않으면 이러한 피해는 해마다 반복될 수밖에 없고, 그 피해 당사자에는 참다래 재배농민도 포함될 수 있다.

미국이 이처럼 농업 강대국이 될 수 있었던 것은 생산기반 시설인 농지정리, 관수시설, 전업농, 천혜의 기상조건, 재배단지마다 설립되어 있는 생산자단체와 일괄작업이 가능한 패킹하우스 시설이 있기 때문이다. 재배농민은 과실을 생산해서 패킹하우스까지 수송만 하면 되므로 생산에만 전력하게 된다. 수확 후부터는 패킹하우스가 선별, 포장, 유통까지 전담해 처리한 뒤 수익금을 농민에게 돌려준다.

캘리포니아에는 참다래협회도 결성되어 활발히 운영되고 있다. 회장은 전문 관료나 정치인 출신으로 해외 수출시장개척과 과실 홍보, 연구 · 개발사업을 전

담한다. 운영비는 과실 생산량에 따라 부과하는데(10kg당 200원), 운영은 이사회에서 결정한다. 농민이 협회 이사이면서 패킹하우스를 운영하기도 하고, 수출도 재배농민이 하는 경우가 대부분이다. 현재 미국산 참다래 경쟁력은 품질과 가격 면에서 국내산과 동등한 것으로 평가된다.

◆ 칠레

칠레는 천혜의 기상조건과 값싼 노동력으로 참다래 생산량이 20만 톤에 이르는 강대국이다. 유럽시장을 목표로 수출해오고 있는데, 우리나라에도 해마다 3,000~5,000톤 내외를 수출한다. 가격과 품질 면에서는 국산 과실의 80% 수준에 이르는 것으로 평가된다.

발전방향

◆ 국제화 시대에 대응

국제화 시대에 과수산업이 발전하기 위해서는 수입 과실류에 적극 대응하면서 수출량을 점진적으로 늘려가는 것이 중요하다. 과실은 신선한 상태로 소비되면서도 저장 · 유통기간이 길고 부가가치가 높아 국제간 교역이 활발하다.

그중에서도 참다래는 세계적으로 유통 · 소비되어 국제적인 과실이라 할 만하다. 국제화시대에 국제적인 참다래를 경쟁력 있는 산업으로 육성하기 위해서는 가격과 품질 면에서 외국산에 비해 우위에 있어야 한다.

우리나라 참다래 생산량은 2012년에는 5만 톤에 달하여 과실 성숙기에 접어들고, 2015년에는 10만 톤으로 쇠퇴기에 접어들 것으로 예상되는데, 이 시기에는 국내시장에서도 외국산과 경쟁이 치열할 것으로 추측된다.

농업선진국은 기술을 개발하고 수출하기 위해 과수별 위원회가 잘 구성되어 운영되고 있다. 재배나 유통에 필요한 기술을 개발하고 해외시장 개척과 홍보를 담당하는 이들 기관의 운영에 소요되는 경비는 재배농민이 과실 값에 따라 내는 부담금으로 충당한다.

우리나라는 참다래재배 농민도 많지 않고 재배지역도 좁아 규모가 작은 어려움이 있지만 반대로 조금만 노력하면 체계화되고 전문화된 위원회를 쉽게 설립할 수 있으므로 이를 적극적으로 활용하는 지혜가 필요하다.

앞으로 국내 생산량이 지속적으로 증가하면 가격 안정을 위해서 수출을 적극 고려해야 한다. 그러기 위해서는 뉴질랜드나 미국처럼 전문 수출회사나 유통업자를 양성해야 한다. 현재 우리나라 일부 지방자치단체에서는 수출업체를 결성해서 수출을 진행하고 있으나 이들 업체들이 경영상 어려움을 겪고 있다. 따라서 전문인에 의한 강한 법인, 생산자협의회, 수출법인을 육성하고 국제 감각을 심어주는 노력이 필요하다.

◆ 소비변화에 대응

우리나라는 그동안 경제성장과 함께 소득이 증가하면서 과실류 소비에도 변화가 많았다. 수요가 부족했던 과거에는 포식성으로 크기가 크거나 수량이 많은 것 위주로 소비되었으나 점진적으로 영양가 높은 것, 간편성이 증진된 것, 기호성과 안전성을 갖춘 것으로 바뀌어왔으며, 최근에는 기능성을 갖춘 건강식품을 중심으로 소비가 증가하고 있다.

과실의 기능성 물질은 과실류마다 다소 차이는 있으나 영양과 기능성 측면에서 참다래는 27개 주요 과실류 중에서 단연 1등이다. 이는 캘리포니아 키위협회가 미국소재 대학에 용역을 의뢰해서 얻은 결과이다.

우리나라도 참다래생산자협회가 결성되어 몇 년 전부터 자조금을 활용해 과실시식회와 홍보행사를 하고 있는데, 이는 매우 바람직한 활동이다. 앞으로 이러한 조직을 더욱 활성화하고 학계와 공동으로 현장애로기술을 해결하려고 노력한다면 소비변화에 충분히 대응하면서 국제경쟁력을 갖출 것이다.

◆ 안전성 확보

과실품질 면에서 중요한 것이 안전성이다. 산업화는 필연적으로 토양오염과 수질오염을 가져왔고 그 정도는 앞으로 더 심해지리라 본다. 수량을 안정적으로 확보하고 저장 중 부패를 막기 위해 농약을 많이 사용해왔고, 앞으로도 농약 없는 과실생산은 생각할 수 없을 정도다.

현재 농작물을 가해하는 병해충 및 잡초의 종류는 4,310종이나(병 1,295종, 해충 2,571종, 잡초 444종) 다행히 참다래를 가해하는 병충해는 많지 않다.

그렇지만 동해와 함께 감염되는 궤양병은 수량을 감소시키고 폐원에 이르게 하는 무서운 병이다. 저장 중의 부패도 큰 문제인데, 이는 생육기와 장마철 병 방제를 소홀히 한 결과다. 이처럼 참다래의 안정적 수량확보와 품질유지를 위해서 화학약제살포는 피할 수 없는 일이다. 그에 따라 상대적으로 식품으로서 안전성 확보와 관리의 중요성이 커지고 있다.

참다래를 비롯한 농작물의 경종적 방제에서 가장 중요한 것이 건전한 수체생육과 기상재해 예방이다. 적기에 병충해 예찰과 동정, 화학약제를 살포해주면 현재보다 농약 사용량을 50% 정도 줄일 수 있다. 유기농도 좋지만 안정적 수량과 수입확보를 위해서는 저농약재배를 적극 도입해야 할 것으로 보인다.

◆ 규격화

현대는 규격화 시대다. 우리는 규격화된 아파트에 살면서 규격화된 음식인

피자, 햄버거, 비빔밥, 갈비탕 등을 먹는다. 이와 같이 제품을 규격화하는 이유는 제품의 상업화에 있다고 생각한다. 참다래도 상품화해서 팔려면 소비자들이 알 수 있도록 규격화하는 것이 중요하다.

참다래를 수출하기 위해서는 품질 규격화가 더욱더 필수적이다. 이를 위해서는 전문화된 선과장, 패킹하우스가 필요하다. 선과장에서 이를 적용하고 활용하려면 과실 품질을 서너 단계로 구분할 필요가 있으며, 이것이 주요 과제 가운데 하나다.

◆ 유통변화에 적극적인 대처

생산한 과실을 제값에 팔기 위해서는 유통과 판매 면에도 변화가 요구된다. 참다래 가격은 과거에는 서울 가락동도매시장을 비롯한 도매시장에서 결정되었으나 최근에는 할인마트의 매출액이 커지면서 참다래 가격 또한 할인마트가 주도하고 있다.

2006년 기준 국내 농산물 매출액은 할인마트와 백화점의 매출을 합할 경우 약 5조 원으로 서울 가락시장 매출액의 배가 된다. 그러므로 대형 할인마트 및 백화점과 직접 계약을 맺어 판매함으로써 유통단계를 축소하고 유통비용을 절감해야 한다. 또 사이버 쇼핑몰, TV홈쇼핑, 통신판매 등 최신 유통 시스템과 기법을 적극적으로 활용하여 유통과 마케팅에 대응할 필요가 있다.

◆ 지속적인 홍보와 가공품 개발

국내시장의 참다래 소비량은 5~10만 톤 내외이나 지속적으로 홍보하고 가공품을 개발한다면 다소 늘어날 수 있다. 현재는 국내산보다 수입산이 훨씬 많은데, 수출국에서는 수출을 늘리기 위해 적극적으로 홍보하므로(〈표 10-1〉, 〈표

〈그림 11-1〉 참다래 가공 제품은 소비 다양화와 촉진에 기여한다.

10-2〉), 이에 대응해 국내산 참다래의 우수성을 홍보하고 이를 소비와 연계할 필요가 있다.

이와 더불어 현재 참다래는 신선과 위주로 소비되는데, 가공품을 개발하여 생산자들에게는 참다래의 용도를 넓혀주고 소비자들에게는 선택의 폭과 기회를 넓혀주어 참다래 소비를 촉진 · 증대할 필요가 있다.

〈표 11-1〉 한국참다래연합회와 제스프리 사의 2007년 홍보비 사용액

(단위 : 백만 원)

구 분			한국참다래연합회	뉴질랜드 제스프리 사
총 계 획			405	5,800
홍보비	시식행사	금액	208	1,000
		(구성비)	(51.4%)	(17.2%)
	판촉물	금액	-	1,500
		(구성비)		(25.9%)
	TV광고	금액	-	3,000
		(구성비)		(51.7%)
	신문광고	금액	-	300
		(구성비)		(5.2%)
	인쇄물	금액	71.4	-
		(구성비)	(17.6%)	
기타	교육, 연구	금액	125.6	-
	기타	(구성비)	(31%)	

〈표 11-2〉 국가별 2006년 참다래 매출액 대비 홍보비 실적 비교

구 분		매출 추정액(백만 원)	홍 보 비	비 율
한 국		31,156	321	1%
뉴질랜드	계	89,544	5,800	6.5%
	그린	47,040		
	골드	42,504		
칠 레		19,992	-	-
미 국		8,562	-	-
합 계		149,254	6,121	4.1%

◆ 산학연 협조체계 구축

참다래산업의 국제 경쟁력을 높이기 위해서는 안전성을 갖춘 우수한 과실을 생산하고 수확 후 체계적이고 과학적인 일괄작업(품질 규격화, 안전성 조사, 선과, 예조, 패킹, 예냉, 저장, 유통)을 통해 저장 · 유통 중 장기간 고품질을 유지하는 것이 중요하다.

〈그림 11-2〉 참다래 소비촉진을 위해 할인점에서 참다래 시식행사를 하고 있다.

후숙과 유통을 위한 에틸렌처리 연화기술 구축도 필요하다. 참다래 생산도 농민이 하듯, 유통과 수출도 농민이 할 수 있다는 신념을 갖고 강력하고 자금이 풍부한 생산자협회를 설립하는 일이 시급하다. 아울러 생산 · 수출 과정에서 발생되는 문제점을 해결하기 위해 산학연 협조체계를 실질적으로 구축하는 것 또한 중요하다.

참고문헌

◆ 한국어 문헌

- 강춘기. 1990. 우리나라 과실류의 역사적 고찰. 5(3): 301~312.
- 고숙주, 강범룡, 이용환, 김용환, 김기청. 2000. 월동저온, 저온기간 및 가지지름이 참다래 궤양병의 진전과 조직 내 병원균 이행에 미치는 영향. 식물병연구 6(2): 76~81.
- 고숙주, 강범룡, 차광홍, 김용환, 김기청. 2000. 참다래 휴면지의 동결과 해동이 궤양병의 진전에 미치는 영향. 식물병연구 6(2): 82~87.
- 고숙주, 이용환, 차광홍, 박기범, 박인진, 김영철. 2002. 참다래 궤양병의 간편한 병원성 검정법 개발. 식물병연구 8(4): 250~253.
- 고숙주, 이용환, 차광홍, 이승돈, 김기청. 2002. 참다래 궤양병 발생상황과 시설재배에 의한 방제. 식물병연구 8(3): 179~183.
- 고영진, 박숙영, 이동현. 1996. 우리나라 참다래 궤양병 발생 특성 및 수간주입에 의한 방제. 한국식물병리학회지 12(3): 324~330.
- 고영진, 서정규, 이동현, 신종섭, 김승화. 1999. 참다래 궤양병의 약제 방제. 식물병과 농업 5(2): 95~99.
- 고영진, 이동현. 1992. Pseudomonas syringae pv. morsprunorum에 의한 키위 궤양병. 한국식물병리학회지 8(2): 119~122.
- 고영진, 이재균, 허재선, 박동만, 정재성, 유용만. 2003. 참다래 저장병 방제 약제 선발. 식물병연구. 9(3): 170~173.
- 고영진, 이재균, 허재선, 박동만, 정재성, 유용만. 2003. 참다래 저장병 예방약제 최적 살포 체계 확립. 식물병연구 9(4): 205~208.
- 고영진, 이재균, 허재선, 정재성. 2003. 우리나라 참다래 저장병 발병률과 병원균. 식물병연구 9(4): 196~200.
- 고영진, 이재균, 허재선, 정재성. 2003. 후숙 온도가 참다래 저장볍 발병에 미치는 영향. 식물병연구 9(4): 201~204.

• 고영진, 정희정, 김정화. 1993. Pseudomonas syringae에 의한 참다래 꽃썩음병. 한국식물병리학회지 9(4): 300~303.
• 고영진, 차병진, 정희정, 이동현. 1994. 참다래 궤양병의 격발 및 확산. 한국식물병리학회지 10(1): 68~72.
• 고영진. 1997. Biolog program을 이용한 참다래 궤양병균 동정용 data base. 한국식물병리학회지 13(2): 125~128.
• 김기진, 민중석, 이상옥, 장애라, 장성현, 천용헌, 이무하. 천연연화제 및 인산염의 첨가가 저급양념 한우갈비의 품질개선에 미치는 효과. 동물자원학회지 45(2): 309~318.
• 김복자. 1989. 키위열매 protease의 추출 정제 및 그 특성에 대하여. 한국식품과학회지 21(4): 69~574.
• 김성철, 정용환, 김미선, 김천환, 고석찬, 강상헌. 2003. RAPD를 이용한 다래나무속 식물의 유연관계 분석. 한국원예학회지 44(3): 340~344.
• 김영수, 송근섭. 2002. 키위 첨가 전통고추장의 품질 특성. 한국식품과학회지 34(6): 1091~1097.
• 김영수, 이상범, 조윤섭, 이명렬, 윤형주, 이만영, 남성희. 2005. 시설 참다래에서 꿀벌과 서양뒤영벌의 화분매개 효과 비교. 한국양봉학회지 20(1): 47~52.
• 김영숙, 오성도. 1988. 참다래의 엽 및 엽병배양에 의한 식물체 재분화. 식물조직배양학회지 25(5): 305~308.
• 김은미, 최일신, 황성구. 2003. 배, 파인애플 및 키위로부터 추출 분리한 단백질 분해효소의 단일 또는 혼합 처리가 actomyosin 분해에 미치는 영향. 한국축산식품학회지 23(3): 193~199.
• 김현석, 김병용, 김명환. 2003. 과숙된 키위 파우더의 bakery 제품에의 이용성. 한국식품영양과학회지 32(4): 581~585.
• 나택상. 1998. 참다래 수액 채취다음 해가 수액특성, 신초생장 및 과실품질에 미치는 영

향. 목포대학교 석사학위논문.

- 노정해, 김영봉, 길복임. 2002. 국내산 키연육제 제조과정 중 부형제의 첨가가 키위분말의 품질에 미치는 영향. 한국식품과학회지 34(5): 805~810.
- 문홍규, 권영진, 비병실. 2001. 참다래×다래 교잡종의 액아배양 및 캘러스 배양에 의한 기내번식. 식물조직배양학회지 28(4): 227~230.
- 박용서, 김병운. 1995. 참다래 저장 중 과실경도, 과실 내 성분, 호흡량 및 에틸렌 함량변화. 한국원예학회지 36(1): 67~73.
- 박용서, 나택상, 김승화, 임동근, 나양기, 임근철, 정순택. 1999. 채취시기에 따른 참다래와 야생다래의 수액특성 및 화학성분 변화. 원예과학기술지 17(1): 11~14.
- 박용서, 박문영. 1997. 적과 시기와 정도가 참다래 과실품질, 수량 및 익년개화에 미치는 영향. 한국원예학회지 38: 60~65.
- 박용서, 박문영. 1997. 적과 시기와 정도가 참다래의 과실품질, 수량 및 익년개화에 미치는 영향. 한국원예학회지 38(1): 60~65.
- 박용서, 임근철, 이지헌. 2000. 참다래 'Hayward' 수액의 화학성분 분석 및 수액을 이용한 음료제조. 원예과학기술지 18(6): 808~810.
- 박용서, 정순택. 2002. CA저장에서 참다래 과실 절편의 품질 변화. 한국원예학회지 43(6): 733~737.
- 박용서, 정순택. 2003. 참다래 최소 가공 절편의 과중에 따른 저장력. 한국원예학회지 44(5): 666~669.
- 박용서, 정순택. 2005. Prestorage conditioning and CO_2 pretreatment for control of postharvest rot in kiwifruit inoculated with *Botritis cineria and Botryosphaerea dothidea*. 한국원예학회지 46: 49~54.
- 박용서. 1996. CA저장 후 상온 및 저온저장에서 참다래의 저장성. 한국원예학회지 37(1): 58~63.
- 박용서. 2002. 참다래 절편의 저장 온도에 따른 저장력. 한국원예학회지 43(6): 728~732.
- 박용서. 2003. 참다래 예조와 예열에 따른 저장 중 연화과 및 부패과 발생률 변화. 한국원예학회지 45(5): 670~674.

- 박용서. 2003. 참다래 예조와 예열에 따른 저장중 연화과 및 부패과 발생률 변화. 한원지. 44: 670~674.
- 박용서, 허원영, 김병운, 김태춘, 장홍기, 조자용, 허북구. 2008. 한국산 참다래 메탄올 추출물의 생리활성 효과. 한국원예과학기술지 26(4).
- 박종대, 박인진, 한규평. 1994. 참다래를 가해하는 해충과 우점종인 열매꼭지나방의 가해 특성. 한국응용곤충학회지 33(3): 148~152.
- 박지영, 이웅, 송동업, 성기영, 조백호, 김기청. 1997. Pestalotiopsis menezesiana에 의한 참다래 잎마름병과 발생생태. 한국식물병리학회지 13(1): 22~29.
- 배영희, 노정해. 2000. 배, 키위, 무화과, 파인애플, 파파야에 존재하는 단백질 분해효소의 특성 비교. 한국조리과학회지 16(4): 363~369.
- 손미애, 권선화 박석규, 박정로, 최진상. 2001. 키위와 무를 첨가한 검정콩 청국장의 발효 중 화학성분의 변화. 농산물저장유통학회지 8(4): 449~456.
- 손미예, 권선화, 서권일, 박석규, 박정로. 2001. 키위와 무를 첨가한 소립 검정콩 청국장의 정미성분. 한국생명과학회지 11(6): 517~522.
- 손미예, 김미혜, 박석규, 박정로, 성낙주. 2002. 키위와 무를 첨가한 검정콩 청국장의 맛 성분 및 기호도. 한국식품영양과학회지 31(1): 39~44.
- 신종섭, 박종규, 김경희, 박재영, 한효심, 정재성, 허재선, 고영진. 2004. 참다래 꽃썩음 병균의 동정 및 발생생태. 식물병연구 10(4): 290~296.
- 신종섭, 박종규, 김경희, 정재성, 허재선, 고영진. 2004. 참다래 꽃썩음병 예방약제 최적 살포 체계. 식물병연구 10(4): 297~303.
- 신종섭, 박종규, 김경희, 정재성, 허재선, 고영진. 2004. 환상박피와 비가림 시설을 이용한 참다래 꽃썩음병의 경종적 방제. 식물병연구. 10(4): 304~309.
- 심경구, 하유미, 손동현, 정경호. 1998. 참다래 Actinidia chinensis와 A. deliciosa의 잎, 줄기, 꽃 및 열매의 형태학적 특성비교. 한국원예학회지 39(5): 537~541.
- 오정훈, 이경은, 김정목, 이승철. 2001. 과즙 첨가에 의한 골뱅이 내장젓갈의 제조 및 특성. 한국식품영양과학회지 30(4): 641~645.
- 우승미, 김옥미, 최인욱, 김윤숙, 최희돈, 정용진. 2007. 참다래 식초 초산발효조건 및 올리고당 첨가의 영향. 학국식품저장유통학회지 14(1): 100~104.

- 우승미, 최인욱, 정용진. 2006. 참다래 발효주와 참다래 리큐르 맛술의 관능적 특성. 한국식품유통저장학회지 13(4): 519~523.
- 윤광섭, 최용희. 1998. 건조방법을 달리한 건조키위의 품질변화 특성. 산업식품공학 2(1): 49~54.
- 윤광섭, 홍주헌. 1999. 키위의 건조특성에 미치는 삼투처리의 영향. 농산물저장유통학회지 6(3): 319~323.
- 윤선, 최혜정, 이진실. 1991. 키위 단백질 분해효소가 카제인의 기능성에 미치는 영향. 한국조리과학회지 7(4): 93~99.
- 윤혜신, 오명숙. 2003. 키위 첨가 다당류 혼합겔의 냉도, 해동에 따른 품질 특성. 한국조리과학회지 19(6): 758~763.
- 윤혜신, 오명숙. 2003. 키위 첨가량에 따른 다당류 혼합겔의 품질 특성. 한국조리과학회지 19(4): 511~517.
- 이경숙, 임명희, 박용서, 임동근, 박윤점, 허북구. 2008. 화환 재료서 참다래나무 절지의 이용성. 화훼연구 16(4).
- 이대희, 이승철, 황용일. 2000. Protopectinase를 이용한 참다래의 가공 특성. 한국식품영양과학회지 29(3): 401~406.
- 이정혜, 이두형. 1998. 매실, 사과 및 참다래의 과실썩음병을 일으키는 Phomopsis mali의 균학적 특징과 병원성. 한국식물병리학회지 14(2): 109~114.
- 이진원, 김인환, 이광원, 이철. 2003. 참다래 쥬스의 이화학적 특성에 미치는 살균 및 저장온도의 영향. 한국식품과학회지 35(4): 628~634.
- 이창후, 김성복, 강성구, 고종희, 김선선, 한동현. 2001. 수확 후 칼슘처리에 따른 참다래 과실의 저온저장 중 세포벽대사의 변화. 한국원예학회지 42(1): 91~94.
- 이창후, 김성복, 강성구, 박병준, 한동현. 2001. 저온 및 CA 저장 참다래 'Hayward'의 저장 후의 연화 및 생리적 변화. 한국원예학회지 42(1): 87~90.
- 장홍기, 박용서, 김태춘, 조자용, 김춘광, 허북구, 박윤점. 2004. 참다래나무 잎 추출물에 의한 견직물과 면직물의 염색성. 원예과학기술지 22(3): 370~374.
- 전태갑, 김덕현, 윤선. 1997. 농가종합경영관리 프로그램 개발에 관한 연구; 해남 참다래 재배농가를 중심으로. 식품유통연구 16(2): 157~161.

- 정재성, 한효심, 조윤섭, 고영진. 2003. Nested PCR을 통한 참다래 궤양병균의 검출. 식물병연구 9(3): 116~120.
- 조성자, 정수현, 서형주, 이호, 강덕호, 양한철. 1994. 제주산 키위에서 분리한 단백질분해효소 actinidin의 정제 및 특성. 한국식품영양학회지 7(2): 87~94.
- 조정일, 조자용, 박용서, 손동모, 허북구. 2007. 참다래의 친환경재배를 위한 과숙썩음병원균에 대한 길항성 방선균 #120의 선발 및 분리. 한국생물환경조절학회지 16: 252~257.
- 조정일, 조자용, 박용서, 양승렬, 허북구. 2007. 참다래 꼭지썩음병을 일으키는 Diaporthe actinidiae을 억제하는 길항성 Bacillus sp. #72의 분리 및 동정. 한국지역사회생활과학회지 18(2): 241~246.
- 조정일, 조자용, 박용서, 허북구. 2007. 참다래 꽃썩음병에 대한 방선균 #110의 분리, 동정 및 생물적 방제 효과. 원과지 25: 235~240.
- 최인욱, 백창호, 우승미, 이오석, 윤경영, 정용진. 2006. 참다래 리큐르 제조를 위한 침출조건 설정. 한국식품저장유통학회지 13(3): 369~374.
- 홍성식, 이창후, 김성복. 1994. 폴리에틸렌 필름과 저온처리가 참다래의 저장 중 품질에 미치는 영향. 한국원예학회지 35(2): 165~171.
- 홍주헌, 윤광섭, 최용희. 1998. 건조키위 제조를 위한 삼투건조공정의 최적화. 한국식품과학회지 30(2): 348~355.
- 대한식물도감. 1982. 이창복.
- 미후도연구진전. 2000. 황굉문 외.
- 미후도연구진전Ⅱ. 2003. 황굉문 외.
- 미후도연구진전Ⅲ. 2005. 황굉문 외.
- Actinidia in China. 2002. 최치학 외

◆ 영어 문헌

- Arcus, A.C. 1959. Proteolytic enzyme of *Actinidia chinensis*. Biochim. Biophys. Acta, 33: 242~244.
- Boyes, S., Strbi, P and Marsh, H. 1997. Actinidin levels in fruit of *Actinidia* species and some *Actinidia arguta* rootstock~scion combinations. Lebensm. Wiss. Technol. 30: 379~389.
- Bublin, M. et al. 2004. IgE sensitization profiles toward green and gold kiwifruits differ among patients allergic to kiwifruit from 3 European countries. J. Allergy Clin. Immunol. 114, 1169~1175.
- Cano, M.P. 1991. HPLC separation of chlorophyll and carotenoid pigments of four kiwi fruit cultivars. J. Agric. Food Chem. 39: 1786~1791.
- Cano, M.P. and Marin, M.A. 1992. Pigment composition and color of frozen and canned kiwi fruit slices. J. Agric. Food Chem. 40: 2141~2146.
- Carne, A. and Moore C.H. 1978. The amino acid sequence of the tryptic peptides from actinidin, a proteolytic enzyme from the fruit of *Actinidia chinensis*. Biochem. J. 173: 73~83.
- Chen, L. et al. 2006. Evaluation of IgE binding to proteins of hardy(*Actinidia arguta*), gold(*Actinidia chinensis*) and green(*Actinidia deliciosa*) kiwifruits and processed hardy kiwifruit concentrate, using sera of individuals with food allergies to green kiwifruit. Food Chem. Toxicol. 44, 1100~1107.
- Fine, A.J. 1981. Hypersensitivity reaction to kiwi fruit(*Chinese gooseberry, Actinidia chinensis*). J. Allergy Clin. Immunol. 68, 235~237.
- Fiocchi, A. et al. 2004. Tolerance of heat~treated kiwi by children with kiwifruit allergy. Pediatr. Allergy Immunol. 15, 454~458.
- Kiwifruit: Science and Management. 1990. Warrington과 Weston.
- Lucas, J.S.A. et al. 2003. Kiwi fruit allergy: a review. Pediatr. Allergy Immunol. 14, 420~428.
- Lucas, J.S.A. et al. 2005. Comparison of the allergenicity of *Actinidia deliciosa*(kiwi fruit) and *Actinidia chinensis*(gold kiwi). Pediatr. Allergy Immunol. 16, 647~654.
- McGhie, T.K. and Ainge, G.D. 2002. Color of fruit of the genus Actinidia: Carotenoid and chlorophyll compositions. J. Agric. Food Chem. 50: 117~121.
- Mills, E.N.C. et al. 2004. Structural, biological, and evolutionary relationships of plant food allergens sensitizing via the gastrointestinal tract. Crit. Rev. Food Sci. Nutr. 44, 379~407.
- Montefiori, M., McGhie, T.K., Costa, G. and Ferguson, A.R., 2005. Pigments in the fruit of red~fleshed kiwifruit(*Actinidia chinensis and Actinidia deliciosa*). J. Agric. Food

Chem. 53: 9526~9530.

- Morimoto, K., E. Furuta, H. Hashimoto, and K Inouye. 2006. Effects of high concentration of salts on the esterase activity and structure of a kiwifruit peptidase, actinidain. J. Biochem. 139: 1065~1071.
- Motohashi, N. et al. 2002. Cancer prevention and therapy with kiwifruit in *Chinese folklore* medicine. J. Ethnopharmacol. 81: 357~364.
- Nishiyama, I. Yamashita, M. Yamanaka, A. Shimohashi, T. Fukuda and T. Oota. 2004. Varietal difference in vitamin C content in the fruit of kiwifruit and other Actinidia sp. J. Agric. Food. Chem. 52: 5472~5475.
- Nishiyama, I., Fukuda and T. Oota. 2004. Genotypic differences in chlorophyll, lutein, and carotene content in the fruit of *Actinidia* sp. J. Agric. Food. Chem. 53: 6403~6407.
- Park, Y.S. et al. 2006. In vitro studies of polyphenols, antioxidants and other dietary indices in kiwifruit. Inter. J. Food Sci. Nutr. 57: 107~122.
- Park, Y.S. et al. 2007. Effect of ethylene treatment on kiwifruit bioactivity. Plant Foods for Human Nutrition. 61: 151~156.
- Park, Y.S., S.T. Jung, and S. Gorinstein. 2006. Ethylene treatment of 'Hayward' kiwifruit during ripening and its influence on ethylene biosynthesis and antioxidant activity. Scientia Horticulture. 108: 22~28.
- Park, Y.S. et al. 2008. Antioxidants and proteins in ethylene~treated kiwifruits. Food Chemistry. 107: 640~648.
- Park, Y.S. et al. 2006. In vitro stuides polyphenols, antioxidants and other dietary indices in kiwifruit(*Actinidia deliciosa*). Int. J. Food Sci. Nutr. 57: 107~122.
- Park, Y.S. et al. 2008. Antioxidants and proteins in ethylene–treated kiwifruits. Food Chemistry. 107: 640~648.
- Pastorello, E.A. et al. 1998. Identification of actinidin as the major allergen of kiwi fruit. J. Allergy Clin Immunol. 101: 531~537.
- Pastorello, E.A. et al. 1998. Identification of actinidin as the major allergen of kiwi fruit. J. Allergy Clin. Immunol. 101: 531~537.
- Perera, C.O. et al. 1990. Calcium oxalate crystals: The irritant factor in kiwifruit. J. Food Sci. 55: 1066~1069.
- Rush, E.C., M. Patel, L.D. Plank, and L.R. Ferguson. 2002. Kiwifruit promotes laxation in the elderly. Asia Pac. J. Clin. Nutr. 11: 164~168.
- Tamburrini, M. et al. 2005. Kiwellin, a novel protein from kiwifruit. Purification, biochemical characterization and identification as an allergen. Protein J. 24, 423~429.

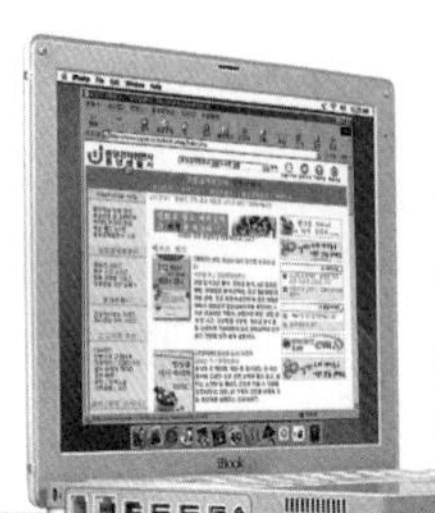

참다래 재배 완전정복

초판 1쇄 발행 | 2009년 1월 20일
초판 2쇄 발행 | 2012년 7월 17일

지은이 | 박용서(Yongseo Park) 외
펴낸이 | 최점옥(Jeomog Choi)
펴낸곳 | 중앙생활사(Joongang Life Publishing Co.)

대　표 | 김용주
편　집 | 한옥수
기　획 | 정두철
디자인 | 이여비
인터넷 | 김회승

출력 | 영신사　종이 | 타라유통　인쇄 · 제본 | 영신사

잘못된 책은 바꾸어 드립니다.
가격은 표지 뒷면에 있습니다.

ISBN 978-89-6141-038-0(04520)
ISBN 978-89-89634-54-6(세트)

등록 | 1999년 1월 16일 제2-2730호
주소 | ㊥100-826 서울시 중구 다산로20길 5(신당4동 340-128) 중앙빌딩 4층
전화 | (02)2253-4463(代) 팩스 | (02)2253-7988
홈페이지 | www.japub.co.kr 이메일 | japub@naver.com | japub21@empas.com
♣ 중앙생활사는 중앙경제평론사 · 중앙에듀북스와 자매회사입니다.

※ 이 도서의 **국립중앙도서관 출판시도서목록(CIP)**은 e-CIP 홈페이지(www.nl.go.kr/cip.php)에서
이용하실 수 있습니다.(CIP제어번호: CIP2008003722)

참다래특화작목산학연협력단의 사업추진 전략과 주요 활동

1. 사업추진 전략

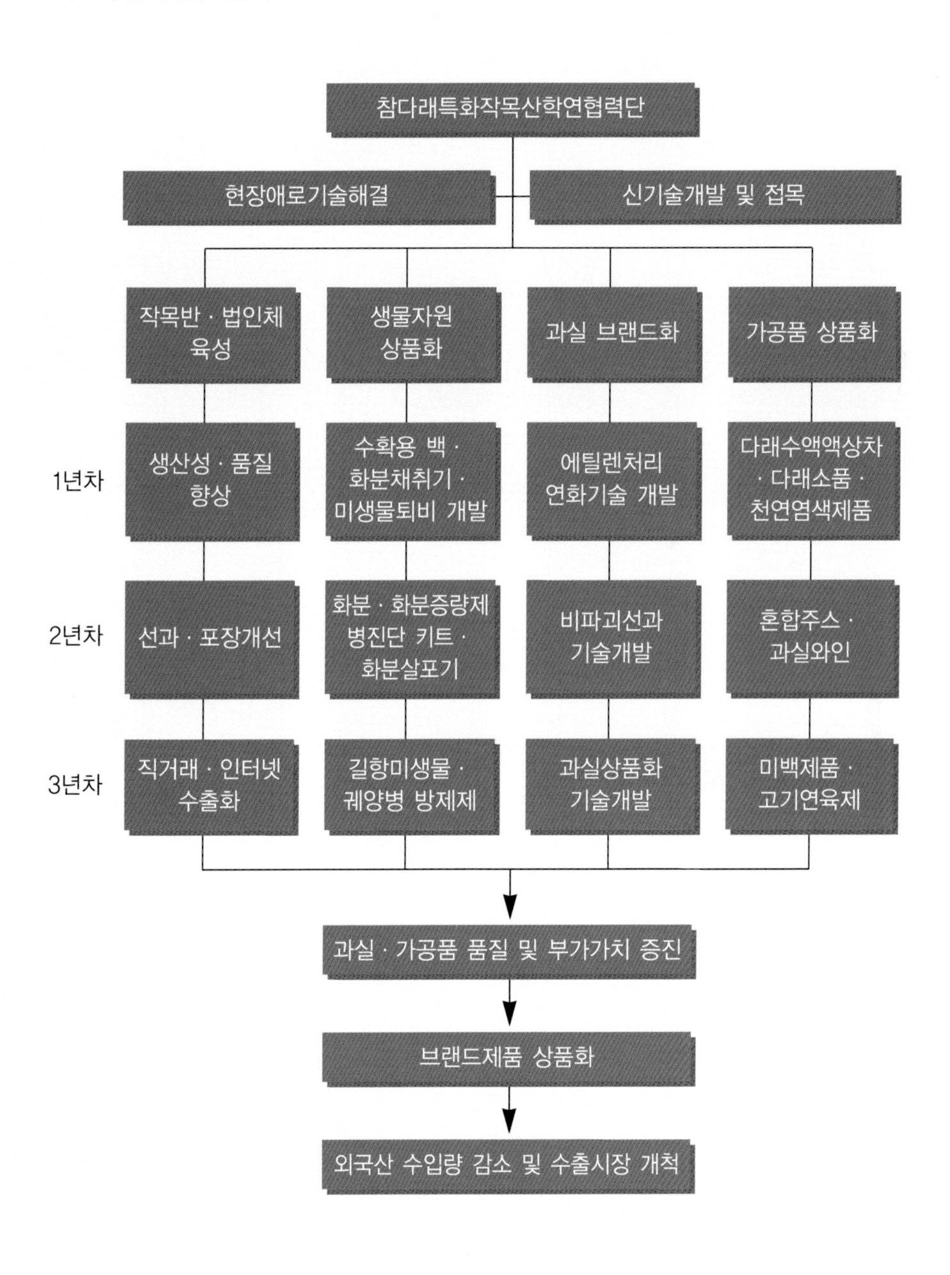

2. 지역특화개발 전략과 주요 활동

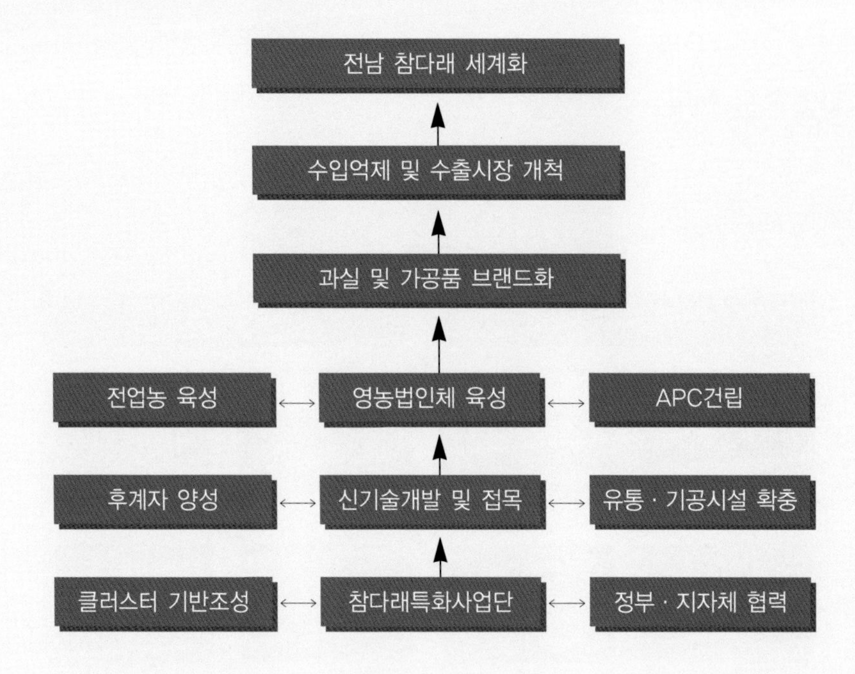

3. 앞으로 사업계획

□ 생산분야

- 병해충 종합방제, 기상재해방지, 결실관리로 고품질과 안정생산
- 길항미생물, 영양제, 퇴비 등 생물자원 개발
- 인공수분 표준화로 결실안정 및 상품성 향상
- 수확용기(백) 상품화 및 화분현탁액 품질 향상

□ 상품화분야

- 비파괴선과 과실 상품화
- 에틸렌처리 연화과 맛과 기능성 향상 및 상품화 추진
- 다래와인 상품화
- 과실퓨레 혼합 다래수액 음료개발 및 상품화
- 수액 간장과 된장 개발 및 상품화
- 비상품과를 이용한 고기연육제 파우더 개발

□ 유통분야

- 과실과 가공품 전문매장 입점과 기업 납품 적극 추진
- 홈쇼핑과 유통업체를 이용한 과실과 가공품 대량판매 추진
- 국제전시회 가공품 출품과 전시 활성화
- 신문과 방송 활용 홍보강화

4. 참다래특화작목산학연협력단 위원

참다래특화작목전문기술위원 명단

성 명	소 속	직 급	전 공
고영진	순천대학교 생명과학대학	교수	식물병리
고웅상	비전대학교 디자인학부	교수	디자인
허원녕	목포대학교 자연과학대학	교수	토양학
김인철	목포대학교 공과대학	교수	식품가공
박용서	목포대학교 자연과학대학	교수	과수학
최상봉	보해식품(주)	이사	가공/상품화
정병준	전라남도농업기술원 과수연구소	소장	경영
임경호	전라남도농업기술원 과수연구소	연구사	친환경
임동근	전라남도농업기술원 과수연구소	연구사	인공수분
송덕수	고흥군농업기술센터	지도사	수형구성
허북구	(재)나주시천연염색문화재단	운영국장	천연염색
천일권	한국참다래유통조합	본부장	유통 · 수출
신종섭	순천시농업기술센터	지도사	미생물
조윤섭	전라남도농업기술원 과수연구소	연구사	육종
마경철	전라남도농업기술원 과수연구소	연구사	해충
이미경	목포대학교 지역특화작목산업화센터	연구교수	홍보
신강식	고흥남부참다래영농법인	대표	기술보급
조봉훈	보성참다래영농법인	대표	기술보급

〈참다래특화작목산학연협력단〉

Tel : (061)450-2376 | Fax : (061)452-0140 | 홈페이지 : www.jeoncd.com

▲ 2006년 수액캔(동신식품)

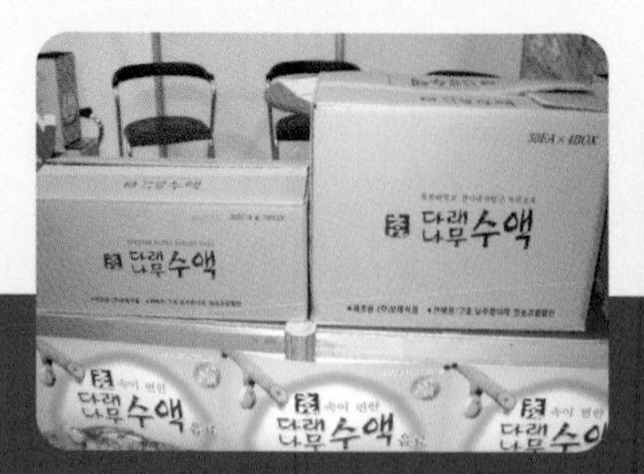

▲ 2007년 수액파우치(보해식품)

▲ 2008년 개발한 수액액상차(동서제약)

참다래특화작목산학연협력단에서 개발한 참다래수액 음료와 차

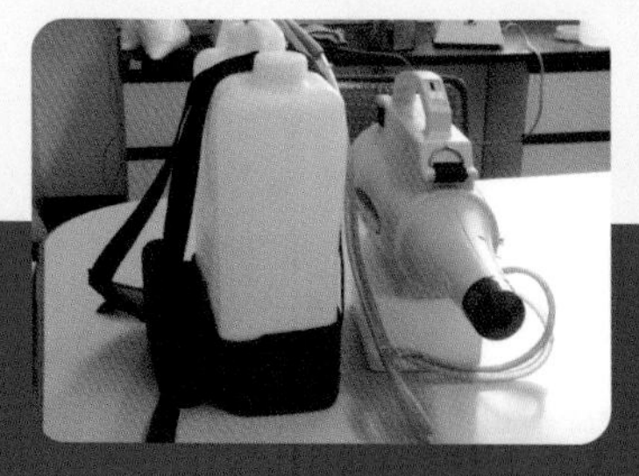

▲ 참다래 화분 현탁액의 개발 및 교육

▲ 참다래 궤양병 방제를 위한 항생제 수간주입과 치료법 개발 및 교육

▲ 녹동농협과 MOU체결

▲ 비파괴선과 과실

▲ 다래잎차 개발